农药登记知识问答

农业农村部农药检定所 ◎ 编

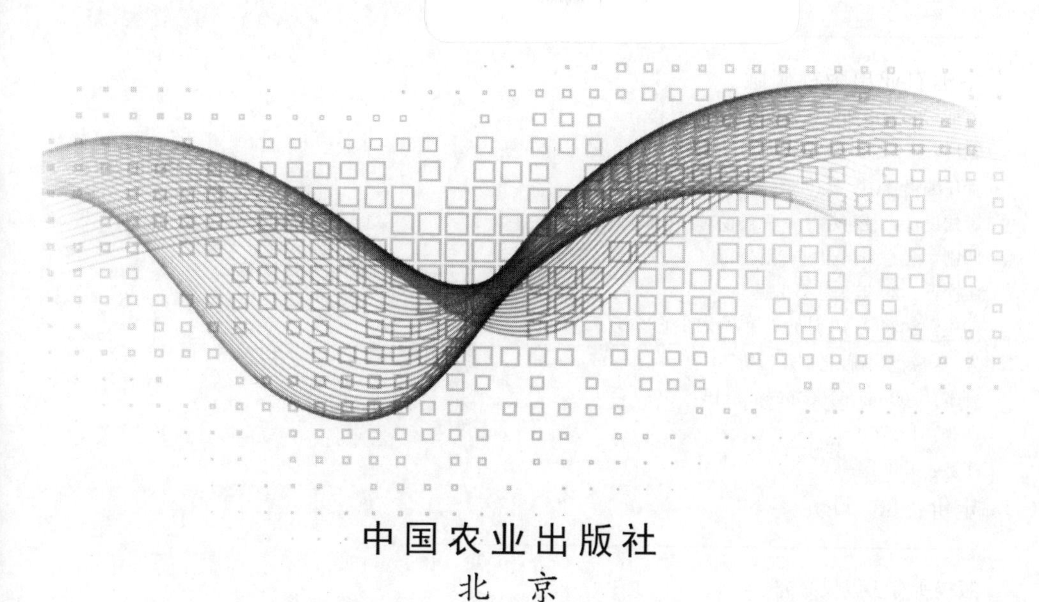

中国农业出版社
北　京

图书在版编目（CIP）数据

农药登记知识问答 / 农业农村部农药检定所编. —北京：中国农业出版社，2020.9（2020.10 重印）
ISBN 978-7-109-27225-5

Ⅰ.①农… Ⅱ.①农… Ⅲ.①农药－问题解答 Ⅳ.①S48-44

中国版本图书馆 CIP 数据核字（2020）第 157039 号

中国农业出版社出版
地址：北京市朝阳区麦子店街 18 号楼
邮编：100125
责任编辑：国 圆 孟令洋
版式设计：杜 然 责任校对：周丽芳
印刷：北京中兴印刷有限公司
版次：2020 年 9 月第 1 版
印次：2020 年 10 月北京第 2 次印刷
发行：新华书店北京发行所
开本：700mm×1000mm 1/16
印张：15.75
字数：400 千字
定价：80.00 元

《农药登记知识问答》
编写委员会

主　　任：周普国　吴国强

副 主 任：严端祥　刘　学　季　颖　单炜力

主　　编：刘　学　赵永辉

副 主 编：傅桂平　嵇莉莉　吴进龙　杨　峻　张宏军　李富根　袁善奎　宗伏霖　孙艳萍　于　荣　张　薇

参编人员（按姓氏笔画排序）：

于　荣　王庆敏　王晓军　牛建群　孔志英
石凯威　宁伟文　朴秀英　任晓东　刘　学
刘　亮　刘育清　孙艳萍　严端祥　杨　硕
杨　峻　李　鑫　李开轩　李富根　肖　斌
吴进龙　吴国强　汪晓红　沈迎春　张　薇
张丽英　张宏军　陈立萍　林荣华　季　颖
周艳明　周普国　郑尊涛　单炜力　宗伏霖
赵永辉　姜宜飞　袁善奎　郭利丰　陶岭梅
嵇莉莉　傅桂平　熊永红

前言 FOREWORD

为贯彻落实新修订的《农药管理条例》及相关配套规章，更好地为从事农药生产、经营、管理和试验的广大基层工作人员提供指导，我们编写《农药登记知识问答》一书。全书共收集问题983个，按不同领域以问答形式编写，以方便读者查阅、解决工作中的问题。

全书共分十一部分，内容包括登记政策、资料申报、产品化学、药效、毒理学、残留、环境、标签核准、登记延续和再评价、新农药登记试验审批、试验备案、农药生产和经营许可等，全面解答了有关人员在登记初审、登记试验、资料准备和标签执法中存在的疑惑。

本书内容侧重解答了农药登记政策及产品化学、药效、毒理学、残留、环境等五大专业技术方面的问题，对农药生产和经营管理的问题，仅对基础性知识进行解答。需要说明的是，书中内容是以现行农药管理法规为基础，而随着相关政策和技术文件的修订和更新，应以最新发布的政策文件和解释为准。

由于本书内容涉及领域较广，收集的问题较多，如有遗漏或不当之处，敬请批评指正。

编　者

2020年8月9日

CONTENTS 目录

第九部分：登记延续和再评价

第一部分：综合政策

1. 农药的定义是什么？

答：农药是指用于预防、控制危害农业、林业的病、虫、草、鼠和其他有害生物以及有目的地调节植物、昆虫生长的化学合成或者来源于生物、其他天然物质的一种物质或者几种物质的混合物及其制剂。

按照用途目的不同，分为以下几类：

（1）预防、控制危害农业、林业的病、虫（包括昆虫、蜱、螨）、草、鼠、软体动物和其他有害生物的一种物质或几种物质的混合物及其制剂；

（2）预防、控制仓储以及加工场所的病、虫、鼠和其他有害生物的一种物质或几种物质的混合物及其制剂；

（3）调节植物、昆虫生长的一种物质或几种物质的混合物及其制剂；

（4）用于农业、林业产品防腐或者保鲜的一种物质或几种物质的混合物及其制剂；

（5）预防、控制蚊、蝇、蜚蠊、鼠和其他有害生物的一种物质或几种物质的混合物及其制剂；

（6）预防、控制危害河流堤坝、铁路、码头、机场、建筑物和其他场所的有害生物的一种物质或几种物质的混合物及其制剂。

2. 新农药的定义是什么？

答：新农药是指含有的有效成分尚未在中国批准登记的农药，包括新农药原药（母药）和新农药制剂。

3. 有效成分的定义是什么？

答：有效成分是指农药产品中具有生物活性的特定化学结构成分或生物体。

4. 原药的定义是什么？

答：原药是指在生产过程中得到的由有效成分及有关杂质组成的产品，必要时可加入少量的添加剂。

5. 母药的定义是什么?

答：母药是指在生产过程中得到的由有效成分及有关杂质组成的产品，可能含有少量必需的添加剂和适当的稀释剂。

6. 制剂的定义是什么?

答：制剂是指由农药原药（母药）和适宜的助剂加工成的，或由生物发酵、植物提取等方法加工而成的状态稳定的产品。

7. 助剂的定义是什么?

答：助剂是指除有效成分以外，任何被添加在农药产品中，本身不具有农药活性和有效成分功能，但能够或者有助于提高、改善农药产品理化性能的单一组分或者多个组分的物质。

8. 杂质和相关杂质的定义是什么?

答：杂质是指农药在生产和储存过程中产生的副产物。相关杂质是指与农药有效成分相比，农药在生产和储存过程中所含有或产生的对人类和环境具有明显毒害、对使用作物产生药害、引起农产品污染、影响农药产品质量稳定性或引起其他不良影响的杂质。

9. 相同原药的定义是什么?

答：相同原药是指申请登记的原药与已取得登记的原药相比，有效成分含量和其他主要质量规格不低于已登记的原药，且含有的杂质产生的不良影响与已登记的原药基本一致或小于已登记的原药。

10. 相同制剂的定义是什么?

答：相同制剂是指申请登记的制剂与已取得登记的制剂相比，产品中有效成分含量、其他限制性组分的种类和含量、产品剂型与登记产品相同，其他助剂未显著增加产品毒性和环境风险，主要质量规格不低于已登记产品，且所使用的原药为相同原药的制剂。

11. 相似制剂的定义是什么?

答：相似制剂是指申请登记的制剂与已取得登记的制剂相比，有效成分、含量和剂型相同，其他组成成分不同的制剂。

12. 新剂型制剂的定义是什么？

答：新剂型制剂是指含有的有效成分与已登记过的有效成分相同，而剂型尚未登记的制剂。

13. 新含量制剂的定义是什么？

答：新含量制剂是指含有的有效成分和剂型与已登记过的相同，而含量（混配制剂配比不变）尚未登记的制剂。

14. 新混配制剂的定义是什么？

答：新混配制剂是指含有的有效成分和剂型与已登记过的相同，而首次混配两种以上农药有效成分的制剂，或虽已有相同有效成分混配产品登记，但配比不同的制剂。

15. 新使用范围的定义是什么？

答：新使用范围是指含有的有效成分与已登记过的相同，而使用范围尚未登记过的。

16. 新使用方法的定义是什么？

答：新使用方法是指含有的有效成分和使用范围与已登记过的相同，而使用方法尚未登记过的。

17. 化学农药的定义是什么？

答：化学农药是指利用化学物质人工合成的农药。

18. 生物化学农药的定义是什么？

答：生物化学农药是指同时满足下列两个条件的农药：一是对防治对象没有直接毒性，而只有调节生长、干扰交配或引诱等特殊作用；二是天然化合物，如果是人工合成的，其结构应与天然化合物相同（允许异构体比例的差异）。主要包括以下类别：

（1）化学信息物质，是指由动植物分泌的，能改变同种或不同种受体生物行为的化学物质。

（2）天然植物生长调节剂，是指由植物或微生物产生的，对同种或不同种植物的生长发育（包括萌发、生长、开花、受精、坐果、成熟及脱落）具有抑制、刺激等作用或调节植物抗逆境（寒、热、旱、湿、风、病虫害）的化学物质。

（3）天然昆虫生长调节剂，是指由昆虫产生的对昆虫生长过程具有抑制、刺激等作用的化学物质。

（4）天然植物诱抗剂，是指能够诱导植物对有害生物侵染产生防卫反应，提高其抗性的天然源物质。

（5）其他生物化学农药，是指除上述以外的其他满足生物化学农药定义的物质。

19. 微生物农药的定义是什么？

答：微生物农药是指以细菌、真菌、病毒和原生动物或基因修饰的微生物等活体为有效成分的农药。

20. 植物源农药的定义是什么？

答：植物源农药是指有效成分直接来源于植物体的农药。

21. 卫生用农药的定义是什么？

答：卫生用农药是指用于预防、控制人生活环境和农、林业中养殖业动物生活环境的蚊、蝇、蜚蠊、蚂蚁和其他有害生物的农药。按其使用场所和使用方式分为家用卫生杀虫剂和环境卫生杀虫剂两类。家用卫生杀虫剂主要是指使用者不需要做稀释等处理在居室直接使用的卫生用农药；环境卫生杀虫剂主要是指经稀释等处理在室内外环境中使用的卫生用农药。

22. 杀鼠剂的定义是什么？

答：杀鼠剂是指用于预防、控制鼠类等有害啮齿类动物的农药。

23. 哪些属于生物农药？

答：目前，生物农药没有明确的定义。但根据《农药登记资料要求》，主要指生物化学农药、微生物农药和植物源农药。

24. 农药主要代谢物的定义是什么？

答：农药主要代谢物是指农药使用后，在作物中、动物体内、环境（土壤、水和沉积物）中的摩尔分数或放射性强度比例大于10%的代谢物。

25. 农药名称应当遵循什么原则？

答：农药名称应当使用农药的中文通用名称或者简化中文通用名称，植物源农药名称可以用植物名称加提取物表示。直接使用的卫生用农药的名称用功能描述词语加剂型表示。

《农药登记资料要求》附件11规定如下：

（1）原药（母药）名称用“有效成分中文通用名称或简化通用名称”表示。

（2）单制剂名称用“有效成分中文通用名称”表示。

（3）混配制剂名称用“有效成分中文通用名称或简化通用名称”表示。中文通用名称多于3个字的，在混配制剂中可以使用简化通用名称。混配制剂名称原则上不多于9个字，超过9个字的应使用简化通用名称，不超过9个字的，不使用简化通用名称。有效成分中文通用名称或简化通用名称之间应当插入间隔号（以圆点“·”表示，中实点，半角），按中文通用名称拼音顺序排列。

（4）简化通用名称应当按照简短、易懂、便于记忆、不易引起歧义的原则，从有效成分中文通用名称中选取，原则上不超过3个字，每个有效成分只能有一个简化通用名称。同一有效成分不同形式的盐或相同化学结构的不同异构体，可以使用相同简化通用名称，差异之处在登记证备注栏和标签中体现。

（5）简化通用名称不得与医药、兽药、化妆品、洗涤品、食品、食品添加剂、饮料、保健品等名称混淆；不得与其他农药有效成分的通用名称、俗称、剂型名称混淆。

（6）直接使用的卫生用农药，以功能描述词语加剂型作为农药名称；经稀释使用的，按第（2）、（3）条的规定使用农药名称。

（7）植物源农药名称可以用“植物名称加提取物”表示。

（8）简化通用名称由农药登记评审委员会确定，农业农村部批准后使用。

26. 农药登记的法律依据是什么？

答：《农药登记管理条例》第七条规定，国家实行农药登记制度。农药生产企业、向中国出口农药的企业应当依照本条例的规定申请农药登记，新农药研制者可以依照本条例的规定申请农药登记。

《农药登记管理办法》第二条规定，在中华人民共和国境内生产、经营、使用的农药，应当取得农药登记。未依法取得农药登记证的农药，按照假农药处理。

27. 农药登记申请人有哪些？

答：申请人应当是农药生产企业、向中国出口农药的企业或者新农药研制者。

农药生产企业是指已经取得农药生产许可证的境内企业。农药生产企业应同时满足两个条件：一是已取得农药生产许可证；二是境内企业。

向中国出口农药的企业是指将在境外生产的农药向中国出口的企业。

新农药研制者是指在我国境内研制开发新农药的中国公民、法人或者其他组织。

新农药研制者，可以是农药生产企业、科研院校、企事业单位，也可以是中国公民。新农药研制者也应同时满足两个条件：一是在我国境内研制开发新农药；二是应当是中国的公民、法人或者其他组织。

28. 联合研制的农药可以申请登记吗？

答：新农药可以联合研制，并明确由一个主体作为登记申请人申请登记。《农药登记管理办法》第十三条第二款规定，多个主体联合研制的新农药，应当明确其中一个主体作为申请人，并说明其他合作研制机构，以及相关试验样品同质性的证明材料。其他主体不得重复申请。

29. 向中国出口农药的企业必须是境外农药生产商吗？

答：可以不是。《农药登记管理办法》第十三条规定，向中国出口农药的企业（境外企业），是指将在境外生产的农药向中国出口的企业。

30. 全国农药登记评审委员会由哪些人员组成？

答：全国农药登记评审委员会由下列人员组成：

（1）国务院农业、林业、卫生、环境保护、粮食、工业行业管理、安全生产监督等有关部门和供销合作总社等单位推荐的农药产品化学、药效、毒理、残留、环境、质量标准和检测等方面的专家；

（2）国家食品安全风险评估专家委员会的有关专家；

（3）国务院农业农村、林业、卫生、环境保护、粮食、工业行业管理、安全生产监督等有关部门和供销合作总社等单位的代表。

31. 全国农药登记评审委员会职责是什么？

答：依据《全国农药登记评审委员会章程》，全国农药登记评审委员会以召开委员会议和执行委员会议的形式评审农药产品，委员会议负责新农药登记评审工作，审议农药禁限用措施，研究有关问题，提出解决意见和建议；原则上每年召开两次会议，特殊情况可临时召开。执行委员会议负责评审新农药以外的农药产品登记、登记变更及按规定需要由委员会评审的登记延续，研究有关问题；执行委员会议每月召开一次。

32. 国家对哪些农药的登记试验数据实施保护？保护期为几年？

答：国家对新化合物的农药的登记试验数据实施保护，保护期为6年。《农药管理条例》第十四条规定，国家对取得首次登记的、含有新化合物的农药的申请人提交的其自己所取得且未披露的试验数据和其他数据实施保护。自登记之日起6年内，对其他申请人未经取得登记的申请人同意，使用前款规定的数据申请农药登记的，登记机关不予登记。但是，其他申请人提交其自己所取得的数据的除外。

33. 国家对新农药以外的农药的登记试验数据实施保护吗？

答：不保护。《农药管理条例》第十四条规定，国家对取得首次登记的、含有新化合物的农药的申请人提交的其自己所取得且未披露的试验数据和其他数据实施保护。

34. 新农药原药和制剂应当同时申请登记吗？

答：是的。申请新农药登记的，应当同时提交新农药原药和新农药制剂登记申请，并提供农药标准品。

新农药原药和新农药制剂均符合要求后同时批准登记，不单独批准新农药原药或新农药制剂登记。

35. 新农药保护期内的原药和制剂需要同时提交登记申请吗？

答：不需要。新农药取得登记后，处于新农药保护期内的农药，其他企业应按新农药原药或新农药制剂资料要求提交登记申请，但不再要求原药和制剂同时提交登记申请。

36. 新农药原药和制剂应当是同一登记申请人吗？

答：可以不是。新农药原药和制剂可以是不同的登记申请人，但应同时提交登记申请。

37. 新农药制剂可以在多个作物上申请登记吗？

答：可以。

38. 新农药制剂可以是混配制剂吗？

答：可以。新农药是指含有的有效成分尚未在中国批准登记的农药，包括新农药原药（母药）和新农药制剂，其中的新农药制剂可以是单剂，也可以是混配制剂。

39. 新农药保护期内农药应按哪个登记种类提交资料?

答：应按照新农药资料要求提交登记申请。《农药登记管理办法》第十七条规定，自新农药登记之日起六年内，其他申请人提交其自己所取得的或者新农药登记证持有人授权同意的数据申请登记的，按照新农药登记申请。

40. 含有新农药保护期内有效成分的混配制剂应按哪个登记种类提交资料?

答：含新农药保护期内有效成分的混配制剂，应按新农药登记要求提交登记申请，同时还应满足新混配制剂登记资料要求。

41. 曾取得正式登记但不在登记状态的农药应按哪个登记种类提交资料?

答：已登记但不在有效状态的农药产品，虽然其有效性、安全性已进行过评价，不属于新农药，但根据《农药登记资料要求》，应按新农药资料要求提交登记申请。

42. 曾取得过临时登记的农药应按哪个登记种类提交资料?

答：临时登记时间没有超过 6 年的，应当按新农药登记资料要求提交登记申请；已超过 6 年的，可以按新农药以外的其他登记种类提交申请，依据产品所属的登记种类确定。

43. 已不在登记状态的农药需要同时申请原药和制剂登记吗?

答：不需要。曾经获得登记但已不在登记状态的农药，不属于新农药，无须原药和制剂同时申请登记，也无须提供农药标准品和样品。

44. 母药登记有什么具体要求?

答：化学农药，一般不批准新农药母药登记，但因物质特性、技术或安全等原因不能申请原药登记的除外。对不是新农药的化学农药，申请人没有取得原药登记的，不批准该农药母药登记；申请人取得原药登记再申请母药登记的，原则上从严审批，提交全国农药登记评审委员会审议。微生物农药和植物源农药，批准母药登记。人工合成的生物化学农药按化学农药对待，发酵或提取的生物化学农药，可批准母药登记。

45. 母药登记需提交哪些资料？

答：新农药母药，按照《农药登记资料要求》附件1“原药（母药）资料要求”提交登记申请。申请人取得原药登记再申请母药登记的，产品化学资料按制剂资料要求提供，但可不提供常温储存稳定性试验报告，毒理学资料提供六项急性毒性试验资料，环境影响资料可不提供。

46. 制剂与所用的原药为不同存在形式的，能申请登记吗？

答：依不同情况而定。加工制剂所用的原药与制剂有效成分存在形式不一致的，如原药经酯化、水解等反应生成制剂的，则因加工工艺不可行，不能同意此类制剂的登记，如2，4－D异辛酯制剂，不可采用2，4－D原药作为上述制剂的原药来源，反之亦然；如原药经过简单酸碱反应即可加工成制剂的，可同意制剂的登记，如2，4－D钠盐制剂，可采用2，4－D原药作为原药来源。

47. 新含量制剂在新使用范围上申请登记应按哪个登记种类提交资料？

答：农药制剂为新含量和新使用范围制剂的，应同时满足新含量制剂和新使用范围制剂的资料要求。

48. 多糖类农药应按哪个登记种类提交资料？

答：按生物化学农药提交登记申请。根据全国农药登记评审委员会评审意见，丁聚糖、菇类蛋白多糖、低聚糖素、氨基寡糖素等多糖类农药，属于植物诱抗剂，按生物化学农药申请登记，农药标签上不得标注对作物病害有治疗作用的描述。

49. 化学合成的性引诱剂应按哪个登记种类提交资料？

答：按生物化学农药提交登记申请。

50. 微生物农药可以申请原药登记吗？

答：不可以。根据《农药登记资料要求》中微生物农药登记分类，不再出现微生物农药原药，应以微生物农药母药表示。

51.《农药登记管理办法》第二十三条中“补充资料”是什么含义？

答：《农药登记管理办法》第二十三条规定，农业农村部根据农药登记评审委员会意见，可以要求申请人提交补充资料。上述规定是指，依据全国农药登记评审委员会意见，可以要求申请人补充《农药登记资料要求》规定的以外的其他资料，以确保登记农药的安全性和有效性。

52. 登记申请人可以中间补充资料吗?

答：不可以。农药登记属于行政许可行为，依据《农药登记管理办法》和农药登记评审相关流程，处于登记评审的农药登记资料，申请人不可以请求补充资料。没有批准登记申请的，申请人在5年内重新申请登记，需要提交全套材料重新提交申请，登记试验报告可使用副本。

53. 未批准登记的农药产品应如何重新提交登记申请?

答：重新提交登记申请时，应按《农药登记资料要求》规定的登记种类提交完整的登记资料。5年内重新提交申请的，登记试验报告可使用副本。

对重新提交申请的农药产品，农药登记机构将按照规定的登记流程，依据《农药登记资料要求》和现行的登记评审标准，审查申请人重新提交的登记资料。

54. 有专利保护的农药产品可以提交登记申请吗?

答：可以。申请人依据《农药管理条例》《农药登记管理办法》《农药登记资料要求》等提交符合要求的登记申请，农药登记机构应当受理。对可能构成专利侵权的，农药登记机构依据《行政许可法》规定，履行涉嫌专利侵权告知程序，在申请人出具不构成侵权的书面说明后，可批准该农药的登记。

55. 农药登记资料转让是如何规定的?

答：新农药研制者可以转让其已取得登记的新农药的登记资料；农药生产企业可以向具有相应生产能力的农药生产企业转让其已取得登记的农药的登记资料。因此，新农药登记资料的转让不受农药生产资质的限制，新农药以外的其他农药登记资料的转让，其双方都应当是农药生产企业，受让方还应当具有相应生产能力。

56. 如何使用转让的登记资料提交登记申请?

答：《农药登记管理办法》第十八条第二款规定，转让农药登记资料的，由受让方凭双方的转让合同及符合登记资料要求的登记资料申请农药登记。也就是，受让方获得转让方的登记资料后，按照农药登记流程申请农药登记。

受让方应根据农药登记情况，确定产品登记种类。未过新农药6年保护期的农药产品，按照新农药登记资料要求提交申请。已过新农药6年保护期的，申请人按照新剂型、新含量、相同农药或相似制剂等登记种类提交登记申请。提交的资料包括：产品化学资料、转让的登记资料，以及按《农药登记资料要求》需补充的资料、双方转让合同、转让方申请注销其登记证的申请。

农药登记资料转让后，依据《农药登记管理办法》第四十条第三款规定，农业农村部注销其农药登记证，并予以公布。

57. 转让的登记资料不符合现行资料要求时，受让方如何申请登记？

答：《农药登记管理办法》第十八条第二款规定，按照《农药管理条例》第十四条规定转让农药登记资料的，由受让方凭双方的转让合同及符合登记资料要求的登记资料申请农药登记。第四十条规定，农药登记资料已经依法转让的，农业农村部注销农药登记证，并予以公布。

依据上述规定，受让方凭转让资料申请农药登记时，应符合现行《农药登记资料要求》，资料不能满足要求的，应补齐所缺少的登记资料。

58. 境外企业可以转让登记资料吗？

答：不可以。《农药管理条例》第十四条规定，新农药研制者可以转让其已取得登记的新农药的登记资料；农药生产企业可以向具有相应生产能力的农药生产企业转让其已取得登记的农药的登记资料。《农药登记管理办法》第十三条第二款规定，新农药研制者是指在我国境内研制开发新农药的中国公民、法人或者其他组织。因此，登记资料转让主体包括新农药研制者和农药生产企业两类，境外企业不符合上述规定，不能转让登记资料。

59. 相同农药产品是如何认定的？

答：相同原药或相同制剂提交登记申请后，登记资料先进入相同农药认定程序。相同农药认定由产品化学、毒理学和环境影响等领域的评审专家共同审查。相同农药认定按两个阶段进行，第一阶段为产品化学资料认定，第二阶段为毒理学资料和环境影响资料认定。详细认定规范见《农药登记资料要求》附件 10 的规定。

60. 相同农药认定与登记申请可以分开进行吗？

答：不可以。申请相同农药登记的应先进行相同农药认定，相同农药认定由产品化学、毒理学和环境影响等领域的评审专家共同审查。登记资料受理后，相同农药认定与登记资料审查在登记审查机构内部完成，完成相同农药认定后，依据认定结果进行登记审查，给出审查结论。相同农药认定与登记审查不可分开，不能单独申请相同农药认定。

61. 相似制剂需要认定吗?

答：不需要。相似制剂是指申请登记的制剂与已取得登记的制剂相比，有效成分、含量和剂型相同，其他组成成分不同的制剂。

62. 申请相同农药、相似制剂和相对本企业新含量的制剂登记有什么限制条件?

答：申请相同农药、相似制剂、相对本企业新含量制剂登记的，其“对照产品”也应当是按《农药登记管理办法》和现行《农药登记资料要求》取得登记的产品。

申请相似制剂登记的条件：一是产品中所含的有效成分已过新农药保护期；二是有效成分、含量、剂型与“对照产品”相同。

申请相同农药登记有两种方式：一是授权方式。申请人可以使用符合授权条件的其他申请人取得登记的完整登记资料申请登记；二是自行认定方式。已过新农药保护期的，申请人可申请认定与按现行《农药登记资料要求》取得登记的产品为相同农药，按相同农药资料要求提交申请。

63. “对照产品”不是按现行《农药登记资料要求》取得登记的，应按哪个登记种类提交申请?

答：申请相同农药或相似制剂的，其“对照产品”应当是按《农药登记管理办法》和现行《农药登记资料要求》取得登记的产品。“对照产品”不是按现行《农药登记资料要求》取得登记的，原药产品应按非相同原药资料要求提交登记申请，相似制剂应按新剂型或新混配制剂资料要求提交登记申请。

64. 微生物农药、植物源农药为何没有相同农药登记种类?

答：一是因为微生物农药菌株来源不同，菌株差异较大，对靶标的防治效果差异也较大，很难认定为相同农药。植物源农药则是由植物直接提取，是多种有效成分的混合物，不同植物种类及加工工艺和萃取条件不同，植物农药有效成分组合比例也不相同，同样很难认定相同农药；二是因为微生物农药、植物源农药的登记资料要求相对较低，特别是相似制剂一般可以减免残留试验，需要的环境影响试验也较少。因此，设定微生物农药、植物源农药相同农药登记种类的必要性不充分。

65. 授权的登记资料应该符合什么条件?

答：《农药登记管理办法》第十八条第一款规定，农药登记证持有人独立拥有的符合登记资料要求的完整登记资料，可以授权其他申请人使用。

授权登记资料的产品应当是按照现行《农药登记资料要求》新农药资料要求取得登记的产品，包括两种情形：一是取得首家登记的新农药原药或新农药制剂；二是新农药保护期内按新农药资料要求独立完成登记试验并取得登记的原药或制剂。

登记资料授权应符合以下要求：一是提交的授权登记资料符合现行《农药登记资料要求》规定；二是授权产品和被授权的农药产品被认定为相同农药。

通过登记资料授权方式取得登记的农药，不能再授权给其他申请人使用。

66. 微生物农药、植物源农药能通过资料授权方式申请登记吗?

答：不能。农药登记证持有人独立拥有的符合登记资料要求的完整登记资料，可以授权其他申请人使用。但依据《农药登记资料要求》规定，微生物农药和植物源农药，无论母药或制剂，均无相同农药登记种类。因此，微生物农药和植物源农药不能通过资料授权方式申请登记。

67. 原药低毒或微毒的种子处理剂（包括拌种剂、种衣剂和浸种的制剂）可以使用授权资料申请登记吗?

答：新农药或新农药保护期内的种子处理剂可以授权。根据《农药登记管理办法》《农药登记资料要求》，原药低毒或微毒的种子处理剂可减免残留试验，新农药或新农药保护期内的种子处理剂，按现行《农药登记资料要求》取得登记的，可以将完整的资料授权给其他申请人申请相同农药产品登记。

68. 已取得登记的新农药可以按现行《农药登记资料要求》补充试验资料后授权其他申请人使用吗?

答：《农药登记管理办法》《农药登记资料要求》，均没有对此种情况作出明确规定。同时，按照原《农药登记资料规定》取得登记的产品，其试验资料大多不符合新的试验标准要求及登记评审的要求。

69. 能否依据不在登记状态的产品减免相关试验资料?

答：《农药登记资料要求》相关注解中明确，对未涉及新使用范围、新使用方法的产品，可提供 1 年田间药效试验报告；使用剂量、施药次数、安全间隔期的改变不会增加残留风险的，可减免残留试验资料。依据上述条款等有关规定，申请人可参照已登记农药产品减免相关试验资料，不因登记产品是否处于登记状态而改变，但已有明确规定或禁限用的农药除外。

70. 申请相同原药登记可以减免哪些试验资料？

答：相比新农药原药，相同原药登记可以减免有效成分理化性质、毒理学、环境影响试验资料。

71. 申请相同制剂登记可以减免哪些试验资料？

答：相比新农药制剂，相同制剂登记可以减免常温储存稳定性试验、毒理学试验资料。使用范围和使用方法相同的，还可以减免药效试验资料和环境影响试验资料。使用剂量、施药次数、安全间隔期的改变不会增加残留风险的，可减免残留试验资料；可能导致残留风险增加的，提交点数减半的残留试验资料，但不得少于 2 点残留试验资料。

72. 哪些农药可以减免原药登记？

答：母药为低毒（或微毒）的微生物农药，原药为低毒（或微毒）的化学信息物质、天然植物生长调节剂、多糖类农药，硫磺、硅藻土、石硫合剂、矿物油，以及低毒（或微毒）无机化合物农药，可减免原药登记或原药来源情况说明。减免原药登记或原药来源情况说明的，应提供以制剂完成的原药登记时所需的相关试验资料，以满足安全评价需要。

73. 在医药上广泛使用的有效成分用作农药时可以减免原药登记或相关试验资料吗？

答：没有原药生产过程的，可提出减免原药登记的理由说明。依据《农药登记资料要求》，已批准作为食品添加剂、保健食品、药品成分使用的，在提供相关批准文件和文献资料、符合安全要求的前提下，可减免生殖毒性、致畸性、慢性毒性和致癌性、代谢及毒物动力学、内分泌干扰作用等毒性试验资料。

74. 申请扩大使用范围登记需要按照现行《农药登记资料要求》补齐环境影响试验资料吗？

答：需要，应按照现行《农药登记资料要求》中扩大使用范围登记要求提交相应试验资料。

75. 植物源农药可以减免母药登记吗？

答：原则上不可以减免植物源农药母药登记。植物源农药制剂登记，也不可以减免母药来源情况说明。

76. 化工原料用作农药登记可以减免原药登记吗？

答：低毒（或微毒）无机化合物用作农药，且申请登记的农药企业没有原药生产过程的，可以减免原药登记，但应提供以制剂完成的相关原药登记时所需的试验资料，以满足安全性评价需要。

77. 松脂酸钠可以减免原药登记及残留试验吗？

答：松脂酸钠提取于天然松枝或松脂，已在医药保健品中使用，农业上主要用于柑橘园清园，无原药生产过程，可以减免原药登记及其试验资料。用于柑橘园清园处理的松脂酸钠制剂，可减免残留试验资料。

78. 波尔多液等无机铜农药可以减免原药登记及残留试验吗？

答：波尔多液、王铜、硫酸铜、碱式硫酸铜、氢氧化铜等无机铜农药，可以减免原药登记及其试验资料，可以减免无机铜制剂残留试验资料。

79. 琥胶肥酸铜等有机铜类农药可以减免原药登记及残留、环境影响试验资料吗？

答：琥胶肥酸铜、络氨铜、柠檬酸铜、混合氨基酸铜等有机铜农药，原则上不能减免原药登记，也不能减免有机铜农药制剂残留和环境影响试验资料。

80. 可以申请草甘膦盐原药的登记吗？

答：不可以。不再批准草甘膦盐原药的登记。

81. 可用于食用作物的农药可以先申请在非食用作物上登记吗？

答：不可以。对既可用于食用作物，又可用于观赏花卉、草坪、非耕地和林业等非食用作物或场所的农药产品，应当先在食用作物上登记，再在非食用作物上登记（仅适用于非食用作物或场所的农药除外），或者同时在食用作物和非食用作物上登记。

非食用作物或场所包括：草坪（如草场、草地、草原）、林业（如林木、橡胶、苗圃）、非耕地（如森林防火道、沟渠、公路、铁路、堤坝）等。

82. 可以直接在非耕地或林业上申请登记的农药有哪几种？

答：直接批准在非耕地或林业上登记的农药有：含草甘膦、草铵膦、敌草快等灭生性除草剂，以及用于林业除草的环嗪酮、甲嘧磺隆、三氯吡氧乙酸等。

83. 以盐形式存在的农药产品，农药名称和含量如何表示?

答：有效成分存在酸和盐等多种不同形式的，对单制剂，以有效成分存在形式作为农药名称，以酸表示有效成分含量，并在登记证和标签中备注盐的含量；对混配制剂，以简化通用名作为农药名称，以酸表示有效成分含量，并在登记证和标签中备注盐的含量；原药与单制剂相同。

84. 农药有效成分含量设置应当遵照国标（或行标）要求吗?

答：国家标准或行业标准已对有效成分含量作出具体规定的，有效成分含量设置应当符合相应标准的要求，但应当首先符合有效成分含量管理相关规定，遵循法规规章优先原则。

85. 农药有效成分含量应当符合国家（或行业）标准的含量要求吗?

答：应遵循法规或规章优先的原则。对已满 3 个含量梯度的，不再批准新的含量梯度；未满 3 个含量梯度的，按国家（或行业）标准的要求设定含量；没有国家（或行业）标准规定的，按照农药有效成分含量有关规定办理。

86. 国标或行标对有效成分含量没有规定的，农药有效成分含量设置有什么限制? 含量数值有什么要求?

答：未制定国家标准或行业标准，或现有国家标准或行业标准对有效成分含量未做出具体规定的，制剂有效成分含量（相同配比的混配制剂总有效成分含量）的设定应当符合以下要求：

有效成分和剂型相同的产品：有效成分含量≥10%（或 100 克/升）的产品，其含量变化间隔值不小于 5%（或 50 克/升)；有效成分含量＜10%（或 100 克/升）的产品，其含量变化间隔不小于有效成分含量的 50%。

有效成分含量“≥10%或 100 克/升”的产品，含量有效数字不多于 3 位；有效成分含量“＜10%或 100 克/升”的产品，含量有效数字不多于 2 位。

87. 农药有效成分含量可以用质量浓度（克/升）表示吗?

答：液体制剂有效成分含量可以用质量分数（%）或质量浓度（克/升）表示；以质量浓度表示时，产品质量标准应同时规定质量分数。固体制剂有效成分含量以质量分数（%）表示。

88. 申请农药混配制剂登记有什么具体规定?

答：制剂产品的配方应当科学、合理、方便使用。相同有效成分和剂型的单制剂产品，含量梯度不超过三个。混配制剂的有效成分不超过两种，除草剂、种子处理剂、信息素等有效成分不超过三种。有效成分和剂型相同的混配制剂，配比不超过三个，相同配比的总含量梯度不超过3个。不经稀释或者分散直接使用的低有效成分含量农药单独分类。

89. 哪些剂型的有效成分含量不能低于已登记产品的含量？

答：乳油、微乳剂、可湿性粉剂产品，其有效成分含量不得低于已批准登记产品（包括相同配比的混配制剂产品）的有效成分含量。

90. 同一申请人可以申请防治对象相同，有效成分配比不同的两个混配制剂登记吗？

答：不可以。对同一申请人，不批准有效成分相同、配比不同、使用范围相同的两个混配制剂的登记；但有效成分配比相同、总含量不同的混配制剂除外，按不同含量农药制剂对待。

91. 同一申请人可以申请有效成分配比不同、防治对象不同的两个混配制剂登记吗？

答：可以。

92. 有效成分含量超过3个含量梯度的农药产品（含相同配比的混配制剂）应如何申请登记？

答：可按照相近原则变更有效成分含量，根据变更后的产品确定登记种类并提交相应的登记资料。含量变更时应补充以下资料：①变更有效成分含量的说明；②含量变更后的产品化学资料，其中常温储存稳定性试验或微生物农药制剂的储存稳定性试验可使用含量变更前的试验资料；③提高有效成分含量的，应提交急性毒性试验资料。

93. 含增效剂或渗透剂的农药产品，含量梯度有什么要求？

答：没有额外要求。含有渗透剂或增效剂的农药产品，其有效成分含量设置应当与不含渗透剂或增效剂的同类产品的含量设置要求相同。

94. 混配制剂总有效成分含量及各有效成分含量不能同时符合含量有效数字要求时应如何处理？

答：混配制剂总有效成分含量和各有效成分含量不能同时符合《农药登记资料要求》附件12中关于含量有效数字规定时，总有效成分含量应当符合规定要求，而含量最高的有效成分，其含量可以不符合有效数字的规定要求。

95. 哪些农药可以申请三元混配制剂登记？

答：《农药登记管理办法》第八条规定，混配制剂的有效成分不超过两种，除草剂、种子处理剂、信息素等有效成分不超过三种。

96. 可以申请植物生长调节剂的三元混配制剂登记吗？

答：不批准植物生长调节剂的三元混配制剂登记。

97. 可以申请杀虫剂与杀菌剂的混配制剂登记吗？

答：不可以。杀虫剂混剂、杀菌剂混剂原则上各有效成分均应当对防治对象有效。混配目的仅为扩大防治谱的，原则上仅适用于除草剂、植物生长调节剂、种子处理剂、颗粒剂等。不同意杀虫剂与杀菌剂的混配制剂登记，但种子处理剂除外。

98. 可以申请植物源农药与化学农药的混配制剂登记吗？

答：原则上不同意化学农药与植物源农药的混配制剂登记。

99. 化学农药可以与微生物农药混配吗？

答：原则上不同意化学农药与微生物农药的混配制剂登记，除非提供的资料表明有其充足的合理性。

100. 可以申请不同微生物农药的混配制剂登记吗？

答：可以，但应提供充足的混配依据和合理性说明材料。

101. 药肥混剂是单独规定有效成分含量梯度吗？

答：不是。药肥混剂中的肥料按农药助剂对待，登记时不对肥效情况进行评价，因此药肥混剂含量梯度与不含肥料的农药制剂的含量梯度相同，不单独规定含量梯度。

102. 药肥混剂如何申请农药登记？

答：药肥混剂登记时主要评价产品中所含农药的有效性和安全性，依据所含农药的登记情况确定登记种类，并按《农药登记资料要求》提交登记资料。产品中的肥料按农药载体或农药助剂对待，可以在产品质量标准、产品组成及加工工艺上作出规定或说明。对产品肥效情况，不进行审查和评价，在农药登记证和农药标签上也不标注药肥产品等字样。对产品质量标准中有肥料指标规定的，可以在农药标签的产品性能说明中，作出与产品质量标准相适应的相关说明或描述。

103. 卫生杀虫剂有效成分含量可以高于 WHO 的推荐上限吗?

答：不可以。根据第八届全国农药登记评审委员会第九次全体会议纪要，卫生杀虫剂有效成分含量原则上不应超过世界卫生组织（WHO）推荐的卫生杀虫剂有效成分含量上限要求。

104. 可以申请三元卫生杀虫剂混配制剂登记吗?

答：不可以。根据《农药登记管理办法》第八条规定，混配制剂的有效成分不超过两种，除草剂、种子处理剂、信息素等有效成分不超过三种。

105. 哪些农药的登记证号使用 WP 代码?

答：白蚁、红火蚁杀灭剂及卫生杀虫剂登记证的类别代码使用 WP；杀鼠剂、杀钉螺和储粮用农药的登记证类别代码使用 PD；原药（母药）登记证类别代码使用 PD。

106. D 型肉毒毒素可以在城市或森林中作杀鼠剂使用吗?

答：不同意 D 型肉毒毒素在城市和森林中作杀鼠剂登记。

107. 环戊烯丙菊酯可以用作卫生杀虫剂登记吗?

答：不可以。鉴于环戊烯丙菊酯对人特别是婴幼儿易引起过敏反应，不批准环戊烯丙菊酯作卫生杀虫剂登记。

108. 未取得农药生产许可证的境内企业能申请农药登记吗?

答：不能。根据《农药登记管理办法》第十三条规定，申请人应当是农药生产企业、向中国出口农药的企业或者新农药研制者。

农药生产企业是指已经取得农药生产许可证的境内企业。未取得农药生产许可证的卫生杀虫剂企业不具备农药生产企业资质，不能申请农药登记。

109. 中等毒的卫生杀虫剂可以在室内使用吗?

答：鉴于毒性危害风险，不再批准中等毒或中等毒以上的卫生杀虫剂用于室内的登记。

110. 毒死蜱、高效氯氟氰菊酯可以在室内以喷洒或喷雾方式使用吗?

答：不能。由于毒死蜱存在较高神经毒性危害风险，高效氯氟氰菊酯存在较高的吸入毒性危害风险，不同意毒死蜱或高效氯氟氰菊酯制剂在室内以喷洒或喷雾方式使用的登记。

111. 香皂精油、桉叶油等植物提取物用作驱蚊用途，应当办理农药登记吗?

答：应当。根据《农药管理条例》《农药登记资料要求》，卫生用农药制剂包含卫生用化学农药制剂、卫生用生物化学农药制剂、卫生用微生物农药制剂和卫生用植物源农药制剂，香皂精油、桉叶油等具有驱蚊功能，作驱蚊用途时属于卫生用植物源农药制剂，应当办理农药登记。

112. 腐殖酸可以作为农药登记吗?

答：腐殖酸不作为农药有效成分登记。

113. 可以申请无警戒颜色的种衣剂登记吗?

答：不可以。为避免引起人畜误食，种衣剂或包衣的种子处理悬浮剂应有警戒颜色，不同意无色的种衣剂或无色的包衣种子处理悬浮剂登记。

114. 医用抗生素可以用作农药吗?

答：不可以。根据第八届全国农药登记评审委员会第九次全体会议纪要，原则上不同意医用抗生素用作农药登记。

115. 哪些农药在水稻上使用存在较高的环境风险?

答：由于对水生生态系统存在较高的危害风险，原则上不同意吡唑醚菌酯、虫螨腈、三苯基乙酸锡、氟啶脲、氟铃脲、杀铃脲、氟虫脲、灭幼脲、伏虫隆、拟除虫菊酯类在水稻上登记，但风险评估表明其风险可接受的制剂除外。

116. 可以申请氯化苦新增登记吗?

答：氯化苦为高毒化学农药，不同意氯化苦新增登记。

117. 可以申请氟虫腈悬浮种衣剂登记吗?

答：不可以。鉴于氟虫腈对环境和农产品质量安全存在较高风险，不再批准氟虫腈制剂的登记，但以饵剂、粉剂等不经稀释使用的卫生杀虫剂除外。

118. 可以申请水剂、悬浮种衣剂产品登记吗？

答：不可以。新《农药剂型名称及代码》（GB/T 19378—2017）标准已于2018年5月1日实施，不再批准水剂、悬浮种衣剂等农药产品的登记。已取得登记的水剂、悬浮种衣剂等产品，申请人可自愿根据新《农药剂型名称及代码》规定申请剂型名称变更，或在登记延续时申请变更。

119. 可以申请粉剂产品登记吗？

答：粉剂对使用者存在较高风险，不再批准以喷粉方式用于农田的粉剂产品登记。

120. 已取得登记的水剂产品需要变更剂型名称吗？

答：已取得登记的水剂等产品，申请人可自愿根据新《农药剂型名称及代码》申请剂型名称变更，或在登记延续时申请变更。

121. 国家标准中没有的剂型，如何申请登记？

答：新版国标中没有的剂型，如已有相同剂型产品登记，可以继续批准新增登记；如无相同剂型产品登记，应提交剂型名称确定依据，并提供剂型鉴定报告。

122. 哪些农药可以减免原药来源证明或原药来源说明资料？

答：母药为低毒（或微毒）的微生物农药，原药为低毒（或微毒）的化学信息物质、天然植物生长调节剂、多糖类农药、硫磺、硅藻土、石硫合剂、矿物油，以及低毒（或微毒）无机化合物农药（包括波尔多液、王铜、硫酸铜、碱式硫酸铜、氢氧化铜），可减免原药登记或原药来源情况说明。

但减免原药登记或原药来源情况说明的，应提供以制剂完成的原药登记时所需的相关试验资料，以满足安全评价需要。

123. 原药来源情况说明包括哪几种提供方式？

答：依据《农药登记资料要求》，制剂登记应提供原药来源情况说明，可以提供原药来源证明、原药购货发票或原药购销合同等。

提供原药供应合同或者购销发票的，应同时提供该原药生产许可情况。

124. 可以减免植物源制剂的母药来源情况说明吗？

答：不可以。不同意减免植物源农药母药登记或母药来源情况说明，特殊情形由农药登记评审委员会审议。

125. 已登记农药制剂可以变更原药供应商吗?

答：可以。变更原药供应商的，无须备案或批准，但供应的原药应是取得登记的合法产品。

126. 已取得医药、食品、保健品等注册的农药有效成分，还需要提供原药来源情况说明吗?

答：符合减免原药登记情形的，在说明原药供应单位、简述生产工艺及原材料等情况后，可以不提供。

127. 不在登记状态的原药可以用作原药来源证明吗?

答：在向农业农村部政务服务大厅提交登记申请时，所用原药登记证处于登记有效状态的，可以受理登记并同意登记。受理前已不在登记状态的，该原药不可作为制剂的原药来源证明。

128. 哪些试验需由有资质的试验单位完成?

答：农药登记试验包括产品化学、药效、毒理学、残留和环境影响等五大方面。

需由有资质的试验单位完成的产品化学试验包括（全）组分分析试验、理化性质测定试验、产品质量检测试验和储存稳定性试验等 4 种登记实验。需由有资质的试验单位完成的药效试验包括田间小区药效试验。大区药效试验两类。卫生杀虫剂依据室内、室外不同使用，分室内药效测定、现场药效试验，也需由有资质试验单位完成。需由有资质的试验单位完成的毒理学试验包括急性毒性试验、重复染毒毒性试验、特殊毒性试验、代谢和毒物动力学试验、微生物致病性试验等。需由有资质的试验单位完成的残留试验包括代谢试验、农作物残留试验和加工农产品残留试验。环境影响试验包括生态毒理试验和环境归趋试验，均应由有资质试验单位承担。

129. 可以使用境外 GLP 试验报告申请农药登记吗?

答：登记试验报告应当由农业农村部认定的登记试验单位出具，也可以由与中国政府有关部门签署互认协定的境外相关实验室出具；但药效、残留、环境影响等与环境条件密切相关的试验以及中国特有生物物种的登记试验应当在中国境内完成。

130. 在新农药登记试验批准证书取得前已完成的毒理学试验资料可以用来登记申请吗?

答：不可以。根据《农药登记管理办法》《农药登记资料要求》有关规定，新农药登记试验应当在取得新农药登记试验批准证书后再开展。

131. 大区药效试验需要在有资质的单位完成吗?

答：应当在有试验资质的单位进行。按照《农药登记管理办法》第十六条规定，大区药效试验还应在中国境内完成。

132. 什么情况下需要进行大区药效试验?

答：首次登记的新农药需要提交大区药效试验资料，即应提供我国境内2个省级行政地区1年大区药效试验报告。对在环境条件相对稳定的场所使用的农药，如储存用、防腐用、保鲜用的农药等，可不提供大区药效试验报告。

133. 室内抗性风险试验资料可以采用境外的试验数据吗?

答：药剂、靶标生物种类和测定方法相同的情况下，抗性风险评估可使用境外完成的试验结果。

134. 没有制定试验准则的田间药效试验，应如何开展?

答：根据《农药登记试验管理方法》第二十七条规定，农药登记试验应当按照法定农药登记试验技术准则和方法进行。尚无法定技术准则和方法的，由申请人和登记试验单位协商确定，且应当保证试验的科学性和准确性。实际工作中，可以按照相近作物和同一试验对象已有的技术准则进行，或参照相关文献制订试验方案，同时应当制订试验操作规程，并按操作规程开展试验。

135. 农药登记试验样品应当如何封样?

答：新农药研制者或农药生产企业到所在地省级农业农村主管部门封样，境外企业到其办事机构所在地省级农业农村主管部门封样。

136. 登记试验报告应当附试验委托合同吗?

答：是的。根据《农药登记试验质量管理规范》第三十七条规定，最终试验报告应包括登记试验委托协议/合同复印件。

137. 特色小宗作物指什么?

答：特色小宗作物目前没有一个标准的定义，一般是指种植面积小、农药少量使用作物或特殊作物。目前国际上对小作物也没有一个统一的定义，国际食品法典农药残留委员会（CCPR）第四十一届会议对小作物的定义建议为，小范围使用是指种植面积较少、企业在这些作物上登记的农药通常不能获得经济回报，甚至很难从登记产品的销售中收回登记费用的作物，包括小作物上农药使用和一些农药品种在主要作物上的限制性或低频次使用等。特殊作物是指种植面积小、经济价值高且农药使用少的作物。

138. 哪些作物属于特色小宗作物? 小宗作物群组化登记有什么特殊要求?

答：特色小宗作物的范围，由农业农村部根据农作物布局及农药产品结构变化定期发布，特色小宗作物名录实行动态管理。2019 年 3 月，农业农村部发布了《用药短缺特色小宗作物名录（2019 版）》《特色小宗作物农药登记药效试验群组名录（2019 版）》《特色小宗作物农药登记残留试验群组名录（2019 版）》。

139. 尚无登记农药可用的特色小宗作物或者新的有害生物，应如何采取用药措施?

答：根据《农药登记管理办法》第四十六条规定，尚无登记农药可用的特色小宗作物或者新的有害生物，省级农业农村部门可以根据当地实际情况，在确保风险可控的前提下，采取临时用药措施，并报农业农村部备案。

140. 如何申请特色小宗作物农药登记?

答：用于特色小宗作物的农药，在按照《农药登记资料要求》附件 6 “用于特色小宗作物的农药登记资料要求”提交登记资料时，仅限于已取得登记的农药产品申请扩大使用范围登记。尚未取得登记，直接申请在特色小宗作物上登记的农药，应按照《农药登记资料要求》附件 2 “农药制剂登记资料要求释义与明细表”提交登记资料。

141. 农药登记资料保存期限有什么具体规定?

答：农药登记资料由农业农村部所属的负责农药检定工作的机构保存。不同的农药登记资料的保护期限不同，具体规定如下：

已批准登记的，新农药登记资料永久保存；其他产品的登记资料保存至退市后5年，退市后申请人可以申请取回，未取回的予以销毁。

未批准登记的资料，自不予批准决定之日起保存5年，期满后1年内可申请取回，未取回的予以销毁。申请人在5年内重新申请登记的，登记试验报告可使用副本。

农药登记审查和评审意见与相应登记资料保存期限相同。

142. 未取得登记的农药登记资料可以申请取回吗？

答：未批准登记的登记资料，自作出不予批准决定之日起保存5年，期满后1年内可申请取回，未取回的予以销毁。申请人在5年内重新申请登记的，登记试验报告可使用副本。

但未作出审批决定的登记申请资料，申请人可以依据《农药登记管理办法》第二十三条规定，申请撤回登记资料。

143. 药效与残留试验推荐的用药次数不一致时，如何确定推荐使用次数？

答：农药登记审查时，为保障农药的使用效果，需依据药效试验结果确定产品防治适期、使用剂量和最低使用次数；为保障农产品膳食安全，降低残留危害风险，需依据残留试验结果确定作物整个生长期的最多施药次数及安全间隔期。

当依据药效试验推荐的使用次数超过残留审查给出的最多施药次数时，表明推荐的施药方式超出了安全评价的范围，评价结果不能保障安全风险，因此不能同意该产品的登记；当依据药效试验推荐的使用次数少于或等于残留审查给出的最多施药次数时，表明推荐的施药方式处于残留安全评价的范围内，可以批准该产品的登记。

144. 对农药使用中添加指定助剂有什么具体规定？

答：依据《农药登记资料要求》第1.3条规定，因安全性、稳定性等原因在使用时添加指定助剂的农药产品，应当提交添加该助剂的农药样品完成的登记试验资料，并按附件2产品化学中产品组成资料要求单独提供其组成及基本理化性质等资料，以及产品与指定助剂相混性的资料。

145. 仅在诱捕器中使用的引诱类昆虫性信息素以及仅通过载体使用的迷向类昆虫性信息素可以减免哪些试验资料？

答：根据农药登记评审委员会意见，可减免原药（母药）的致突变和亚慢性经口毒性、环境影响试验资料，减免制剂的残留和环境影响试验资料及减免风险评估报告。

146. 风险评估报告包括哪几类?

答：包括健康风险评估报告、膳食风险评估报告、环境风险评估报告和抗性风险评估报告。

147. 哪些农药可不提交健康风险评估报告?

答：可减免原药（母药）补充毒理学资料的，可不提供健康风险评估报告，如有机铜、硫磺以及生物化学农药、微生物农药、植物源农药等，但应作出不提供的理由说明。

148. 哪些农药可以不提交膳食风险评估报告?

答：不要求残留试验的农药，可不提供膳食风险评估报告。

149. 哪些农药可以不提交环境风险评估报告?

答：生物化学农药、微生物农药、植物源农药制剂以及室内使用的卫生杀虫剂不需要提供环境风险评估报告。

150. 哪些农药不需要提交抗性风险评估报告?

答：不涉及新防治对象的农药以及生物化学农药、微生物农药和植物源农药，不需要提供抗性风险评审评估报告。

151. 风险评估报告由什么单位出具?

答：风险评估报告可以由登记申请人自行完成，也可以委托其他技术单位完成，但应符合风险评估的相关标准或技术要求。

152. 风险评估报告应遵循哪些要求?

答：风险评估报告应参照公布的风险评估报告模板出具。没有评估指南或模型的，参照其他国家评估方法或模型出具。

制剂风险评估需引用原药数据的，原则上应引用所用原药的试验数据。原药登记时没有相关试验数据的，可查询其他国家官方网站数据。

153. 卫生用农药香精种类发生变化需申请登记变更吗?

答：不需要。根据《农药登记资料要求》附件5中“制剂质量规格或组成变更”规定，家用卫生杀虫剂中香精含量应不大于1%，变更香精种类可以不申请登记变更。

154. 已取得登记的农药制剂可以变更有效成分含量吗？

答：不可以。农药制剂有效成分含量或剂型改变，应按《农药登记资料要求》规定的登记种类申请农药登记，并提交相应登记资料，不属于农药登记变更的范围。

第二部分：资料准备与审批流程

155. 境内、境外企业应该向哪个部门提出农药登记申请？

答：境内申请人向所在地省级农业农村部门提出农药登记申请。境外企业向农业农村部提出农药登记申请。

156. 申请农药登记需要满足哪些条件？

答：需要同时满足以下 2 项条件：

（1）申请人应当是农药生产企业、向中国出口农药的企业或新农药研制者。

（2）申请登记的农药应当按规定完成登记试验，登记试验资料齐全。

157. 农药登记申请有禁止性规定吗？

答：有。有下列情形的，不能申请农药登记：

（1）申请人被处以吊销“农药登记证”处罚不足 5 年的；

（2）申请人隐瞒有关情况或者提供虚假材料申请农药登记，作出不予受理或者不予批准决定不足 1 年的；

（3）申请人隐瞒有关情况或者提供虚假材料取得农药登记，被撤销“农药登记证”不足 3 年的；

（4）国家有关部门规定禁用或不再新增登记的农药；

（5）未完成登记试验和中试生产的农药；

（6）申请人被列入国家有关部门规定的严重失信单位名单并限制其取得行政许可的。

158. 多个主体研制的新农药如何申报农药登记？

答：多个主体联合研制的新农药，应当明确其中一个主体作为申请人，并说明其他合作研制机构，以及相关试验样品同质性的证明材料，其他主体不得重复申请。

159. 申报农药登记需准备哪些申请资料？

答：根据农业农村部公告第 222 号要求，需要提交以下资料：

（1）农药登记申请表、产品概述、标签和说明书、产品化学资料、毒理学资料、环境影响资料。

（2）申请农药产品为制剂的，还应当提交药效和残留资料。

（3）申请人为农药生产企业和新农药研制者（包括个人）的，应当提交省级农业农村主管部门初审意见。

（4）申请人为向中国出口农药企业的，还应当提交已在有关国家（地区）登记使用的证明材料。

（5）申请资料应符合《农药登记资料要求》的规定。

160. 农药登记试验应该委托哪些试验单位进行试验？

答：登记试验报告应当由农业农村部认定的登记试验单位出具，也可以由与中国政府有关部门签署互认协定的境外相关实验室出具；但药效、残留、环境影响等与环境条件密切相关的试验以及中国特有生物物种的登记试验应当在中国境内完成。

161. 申请登记时，已完成报告的单位资质不在有效状态，试验报告是否有效？

答：有效。考虑到新老登记政策衔接和试验连续性的具体实际，原试验单位资质已过期的，在农业农村部开始受理试验单位认定申请的半年内，已签订试验协议且已开展试验的继续有效，但需要提交相关说明。

162. 现有农药登记试验单位无法承担的试验项目如何处理？

答：根据《农药登记试验管理办法》第三十四条规定，现有农药登记试验单位无法承担的试验项目，由农业农村部指定的单位承担。

163. 申请登记时一般需要准备哪些方面的评估报告？

答：一般需要提交 4 个方面的评估报告：经济效益评估、膳食风险评估、健康风险评估和环境风险评估。

164. 评估报告可以由申请人自己完成吗？

答：经济效益评估、膳食风险评估、健康风险评估和环境风险评估都不属于登记试验报告，可以由申请人自行完成，也可委托其他单位完成，评估应按照农业农村部发布的相关模型要求进行。

165. 申报新农药登记应注意哪些事项？

答：应注意以下 3 方面事项：

（1）申请新农药登记的，应当同时提交新农药原药和新农药制剂登记申请，并提供农药标准品；

（2）自新农药登记之日起六年内，其他申请人提交其自己所取得的或者新农药登记证持有人授权同意的数据申请登记的，按照新农药登记申请；

（3）新农药获得批准后，已经受理的其他申请人的新农药登记申请，可以继续按照新农药登记审批程序予以审查和评审。其他申请人也可以撤回该申请，重新提出登记申请。

166. 新农药原药和制剂登记可以由两个企业分别申请吗？

答：可以。根据《农药登记管理办法》第十七条规定，申请新农药登记的，应当同时提交新农药原药和新农药制剂登记申请，并提供农药标准品。对于新农药原药和新农药制剂登记申请者是否为同一企业不作要求。

167. 用于特色小宗作物的农药登记资料有何要求？

答：《农药登记资料要求》附件 6 规定，用于特色小宗作物的农药登记仅限于已取得农药登记的产品扩大使用范围登记。有 6 项鼓励政策：

（1）可以联合试验；

（2）药效、残留实行群组化登记；

（3）药效试验 1 年或 1 个生长季；

（4）不要求提供室内抗性风险试验、田间抗性风险监测方法等；

（5）不要求提供毒理学资料；

（6）环境视需要提供。

168. 产品综述报告应包括哪些内容？

答：应包括以下 3 方面内容：

（1）产地、产品化学、药效、残留、毒理学、环境影响、境外登记情况等的产品概述；

（2）膳食、职业健康及环境等风险评估资料摘要；

（3）经济效益、社会效益和环境效益分析资料摘要。

169. 农药登记申报资料在排版格式上有哪些规定？

答：农药登记资料的语言文字一般为中文，试验资料可以使用英文，但需提交中文资料。中文字号要求不小于 4 号，英文字号不小于 11 号，全部登记资料用 A4 纸以单册或分册装订。

170. 登记资料装订次序有何要求？

答：申请登记的资料应按以下次序（资料较多时按类分册）装订：

（1）一般资料，主要包括封面（应注明登记产品名称、企业名称、联系人与联系电话）、资料目录、农药登记申请表、省级农业主管部门初审意见（境外企业不需要提供）、申请人证明文件、产品概述、风险评估和效益分析摘要资料、标签和说明书样张、已在有关国家（地区）登记使用的证明材料（仅境外企业需提供）、原药来源情况说明、产品安全数据单、参考资料等。

（2）产品化学资料。

（3）毒理学与健康风险评估资料。

（4）药效资料（制剂产品）与经济效益评估资料。

（5）残留资料（制剂产品）与膳食风险评估资料。

（6）环境影响资料与环境风险评估资料。

171. 农药登记等行政许可类事项申请表可以从哪里下载？

答：可以从中国农药信息网首页的“服务大厅”栏“相关表格下载”操作下载，具体链接如下：

http：//www.chinapesticide.org.cn/xgbgxz/index.jhtml。

172. 申请人应向哪个部门提出农药登记申请？

答：境内申请人向所在地省级农业农村部门提出农药登记申请，向中国出口农药的企业向农业农村部提出农药登记申请。

173. 农药登记资料需经省级农业农村部门初审吗？

答：境内农药生产企业或新农药研制者需要由省级农业农村部门对农药登记资料进行初审，向中国出口农药的企业的登记资料不需要省级农业农村部门初审。

174. 申请农药登记时应注意什么？

答：申请农药登记时应注意以下几点：

（1）申报资料应符合国家对高毒农药的禁限用管理政策，符合农产品质量安全要求；

（2）申报资料应真实、完整，符合《行政许可服务指南》的基本要求；

（3）首次申报资料应提供原件一套。再次申报资料可以提供副本，并作出说明。

（4）申报资料应按要求次序编排，有目录和页码，装订整齐。

175. 农药登记申请资料是否可以邮寄?

答：可以。申请人可将申报资料邮寄至：北京市朝阳区南展馆南里 11 号农业农村部行政审批综合办公大厅农药窗口，邮编：100125。

在邮寄单“寄件人信息”或申报资料中注明有效的联系方式和联系人，便于农业农村部行政审批综合办公大厅的工作人员必要时联系。

176. 农药登记申请被受理后可以撤回申请吗?

答：可以。农药登记申请受理后，申请人可以撤回登记申请，并在补充完善相关资料后重新申请。

177. 未批准登记的登记资料是否可以申请取回?

答：农业农村部未批准登记的登记资料，自做出不予批准决定之日起保存 5 年，期满后 1 年内可申请取回，未取回的予以销毁。申请人在 5 年内重新申请登记的，登记试验报告可使用副本。

178. 申请人可以在农药登记审批阶段补充登记资料吗?

答：不可以。农业农村部根据农药登记评审委员会意见，可以要求申请人提供补充资料。除此以外，进入行政审批程序的登记资料不接收申请人补充相关登记资料。

179. 登记申请被否决后，补齐资料重新申请登记时需要提交全套资料吗?

答：是的。5 年内重新申请登记，登记试验报告可使用副本或加盖企业公章的复印件，提供全套完整资料。

180. 农药登记评审委员会的基本工作流程是怎样的?

答：根据评审的农药产品种类和数量，从评审专家库中随机抽取委员参加会议。委员会议由主任委员、副主任委员，办公室主任、副主任，各专业评审组组长、副组长以及随机抽取的相关委员、综合政策评审组委员参加，参会委员数不超过 45 人。执行委员会议由 1 名副主任委员、办公室主任和副主任、各评审组组长和副组长参加，可根据需要随机抽取相关委员参加，参会委员数不超过 25 人。

在委员会议召开前 10 天，评审委员会办公室将拟评审的农药登记产品相关资料及技术审查意见交参会委员。在召开执行委员会议 5 天前将技术审查意见交参会委员。

委员会议和执行委员会议，按照协商一致的原则评审农药产品。不能达成一致意见的进行记名投票，同意票超过实到委员人数3/4的，评审通过；但涉及农药安全风险或产业政策，有评审组不同意的，不予通过。

委员会议每年召开两次，一般上半年一次，下半年一次。执行委员会议每月召开一次。

评审结果以会议纪要形式印发公布。

181. 哪些情形属于农药登记变更？

答：下列情形属于农药登记变更：

（1）改变农药使用范围、使用方法或者使用剂量的；

（2）改变农药有效成分以外组成成分的；

（3）改变产品毒性级别的；

（4）原药产品有效成分含量发生改变的；

（5）产品质量标准发生变化的；

（6）农业农村部规定的其他情形。

182. 农药登记变更应向哪个部门提出申请？需省级农业农村部门初审吗？

答：向农业农村部提出申请。不需要省级农业农村部门初审。

183. 农药登记证不在有效状态能否申请登记变更？

答：不能。应重新申请农药登记。

184. 哪些情形禁止农药登记变更？

答：以下情形禁止农药登记变更：

（1）申请人被处以吊销“农药登记证”处罚不足5年的；

（2）申请人隐瞒有关情况或者提供虚假材料申请农药登记，作出不予受理或者不予批准决定不足1年的；

（3）申请人隐瞒有关情况或者提供虚假材料取得农药登记，被撤销“农药登记证”不足3年的；

（4）国家有关部门禁止或限制的该农药产品使用范围、使用方法、组成组分的；

（5）申请人被列入国家有关部门规定的严重失信单位名单并限制其取得行政许可的。

185. 扩大使用范围登记在准备药效资料时需要注意哪些?

答：需要注意以下 3 个方面：

（1）生物化学农药、微生物农药和植物源农药制剂涉及新使用范围的产品，分别参照农药制剂登记资料要求中生物化学农药、微生物农药和植物源农药制剂的 H 类（新使用范围）提供资料；未涉及新使用范围的产品，可提供1 年3 地（林业用药、局部地区种植的作物或局部地区发生病、虫、草害）、1 年 4 地（杀虫剂、杀菌剂）或 1 年 5 地（除草剂、植物生长调节剂）田间药效试验报告。

（2）卫生用农药制剂参照卫生用农药制剂登记资料要求中的 H 类（新使用范围）提供资料。

（3）杀鼠剂制剂参照杀鼠剂农药制剂登记资料要求中的 H 类（新使用范围）提供资料。

186. 使用方法变更登记在准备药效资料时需要注意哪些问题?

答：需要注意以下 3 个问题：

（1）生物化学农药、微生物农药和植物源农药制剂涉及新使用方法的产品，分别参照农药制剂登记资料要求中生物化学农药、微生物农药和植物源农药制剂的Ⅰ类（新使用方法）提供资料；未涉及新使用方法的产品，可提供 1 年 3 地（林业用药、局部地区种植的作物或局部地区发生病、虫、草害）、1 年 4 地（杀虫剂、杀菌剂）或 1 年 5 地（除草剂、植物生长调节剂）田间药效试验报告。

（2）卫生用农药制剂参照卫生用农药制剂登记资料要求中的Ⅰ类（新使用方法）提供资料。

（3）杀鼠剂制剂参照杀鼠剂农药制剂登记资料要求中的Ⅰ类（新使用方法）提供资料。

187. 毒性级别变更登记需要准备哪些资料?

答：对于已登记产品，原则上不同意变更毒性级别。已登记农药产品申请毒性级别变更的，原则上以首次提交的毒理学试验资料为准。确有必要且理由充分时，要根据《农药登记资料要求》附件 5.7 规定，申请人需要提交一般资料（申请表、申请人声明、登记证复印件、变更说明与理由、标签和说明书、产品安全数据单、其他与登记变更相关的登记材料）、其他试验资料与说明（根据申请登记变更内容，提交毒理学试验报告或说明）。

例如，第九届全国农药登记评审委员会第十八次会议对“3%克百威颗粒剂毒性级别变更”提出如下意见：对因历史原因未提交毒理学试验报告，或制剂毒性级别来源于原药毒理学试验结果的克百威制剂，企业可提交本产品的毒理学试验报告和情况说明，申请毒性级别变更。

188. 农药登记证变更后的有效期是否有变化？

答：农药登记证变更后的有效期仍是原登记证有效期，期限不变。

189. 农药登记审批需要经过哪些流程？

答：农药登记许可流程如下：

（1）省级农业农村主管部门受理辖区内农药生产企业、新农药研制者农药登记申请，并对申请材料进行初审，提出初审意见。

（2）农业农村部政务服务大厅农药窗口审查向中国出口农药的企业递交的“农药登记申请表”及其相关材料，材料齐全符合法定形式的予以受理；接收省级农业农村主管部门报送的申请材料和初审意见。

（3）农业农村部农药检定所根据有关规定进行技术审查。

（4）农药登记评审委员会进行评审。新农药产品评审由农药登记评审委员会委员会议负责，其他农药产品评审由农药登记评审委员会执行委员会议负责。

（5）农业农村部农药管理司根据国家法律法规及评审委员会评审意见提出审批方案，按程序报批。

（6）农业农村部农药管理司根据部领导签批文件办理批件、制作“农药登记证”。

农药登记流程图：

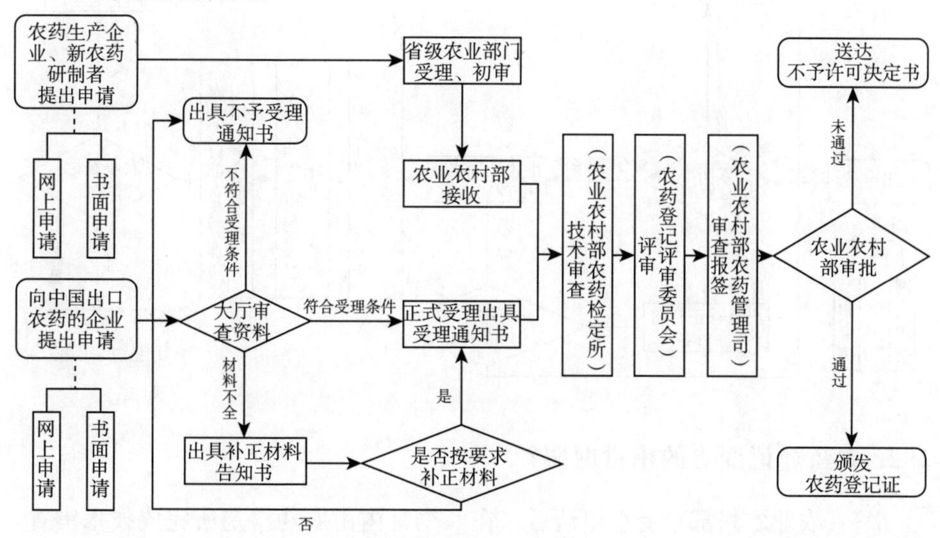

190. 农药登记审批时限是如何规定的?

答：农药登记审批分为省级和部级。具体规定如下：

省级农业农村部门对辖区内产品的初审时限为 20 个工作日（部分省份小于 20 个工作日）；农业农村部自受理申请或收到省级农业农村主管部门报送的初审意见后，在 9 个月内由农业农村部农药检定所完成技术审查，并将审查意见提交农药登记评审委员会评审。

农业农村部收到农药登记评审委员会评审意见后，20 个工作日内作出审批决定。

191. 农药登记变更审批需要经过哪些流程?

答：农药登记变更审批流程如下：

（1）农业农村部政务服务大厅农药窗口审查申请人递交的“农药登记变更申请表”及其相关材料，材料齐全符合法定形式的予以受理。

（2）农业农村部农药检定所根据有关规定进行技术审查。

（3）农药登记评审委员会进行评审。

（4）农业农村部农药管理司根据国家法律法规及评审委员会评审意见提出审批方案，按程序报批。

（5）农业农村部农药管理司根据部领导签批文件办理批件、制作“农药登记证”。

农药变更登记流程图：

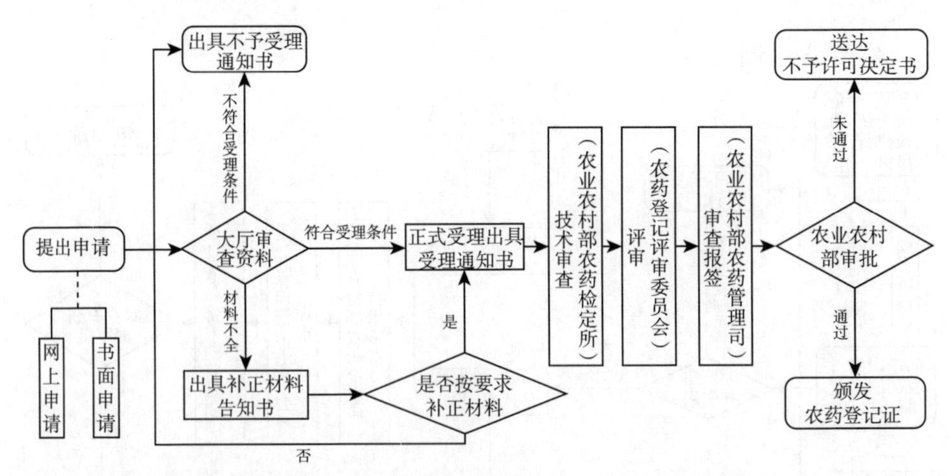

192. 农药登记变更的审批时限?

答：农业农村部自受理申请后，在 6 个月内由农药检定所完成技术审查，并将审查意见提交农药登记评审委员会评审。

农业农村部收到农药登记评审委员会评审意见后，20个工作日内作出审批决定。

193. 农药登记或农药登记变更审批收费吗?

答：不收费。根据财税〔2017〕20号文件要求，停征农药登记费。

194. 如何查询农药登记申请进展情况?

答：登录中国农药数字监督管理平台（http：//www.icama.cn），输入申请人用户名和密码，可查询农药登记审批进展和结果，也可到农业农村部政务服务中心查询。

195. 网上申请中出现技术问题如何解决?

答：向系统维护人员反映或电话咨询，农业农村部政务服务大厅农药窗口电话：010－59191817/59191803。

196. 农药登记许可结果如何体现?

答：农业农村部自作出决定之日起10个工作日内，准予许可的，向申请人颁发加盖“中华人民共和国农业农村部农药审批专用章”的“农药登记证”；不予许可的，向申请人出具加盖“中华人民共和国农业农村部行政审批专用章”的办结通知书并说明理由。

197. 申请人如何获取农药登记审批结果?

答：申请人所申报的农药登记许可事项经农业农村部批准后，农业农村部农药检定所会按照时间顺序依次打印农药登记证书和其他批准证书。并根据申请人要求，在农业农村部政务服务大厅现场领取或以邮寄方式送达。

对于境内申请人，一般采取由农业农村部将审批结果统一寄送到省级农药检定机构，申请人到所属省级农药检定机构领取。

198. 农药登记证书有效期是几年?

答：农药登记证书有效期五年。

199. 农药登记申请人有哪些权利和义务?

答：申请人的权利和义务：

（1）申请人申请农药登记，应当如实向农业农村部提交有关材料和反映真实情况，并对其申请材料的真实性、合法性负责。

（2）申请人隐瞒有关情况或者提供虚假材料申请农药登记的，农业农村部不予受理或者不予批准，自办结之日起1年内不再受理其农药登记申请；已取得批准的，撤销“农药登记证”，责成召回生产产品，3年内不再受理其农药登记申请。

（3）收到不予受理通知书、不予许可决定书之日起，申请人有异议的可以在60个工作日内向农业农村部申请行政复议，或者在6个月内向北京市第三中级人民法院提起行政诉讼。

200. 如何咨询农药登记审批有关问题?

答：可通过：

（1）现场咨询：农业农村部政务服务大厅农药窗口；

（2）电话咨询：010－59191817/59191803。

201. 如何监督投诉农药登记有关问题?

答：可以通过以下两种渠道监督投诉农药登记有关问题：

（1）监督电话：010－59193385；

（2）网上投诉：农业农村部官方网站—政务服务—行政许可投诉。

第三部分：产品化学

202. 产品化学资料主要包括哪些？

答：主要包括：

（1）产品化学摘要　主要包括有效成分和安全剂、稳定剂、增效剂等其他限制组分的识别，原药（母药）基本信息，产品组成，加工方法描述（包括工艺流程图、主要设备和操作条件、生产过程中质量控制描述等），产品质量规格，质量保证期等。

（2）理化性质测定报告　按照《农药理化性质测定试验导则》（NY/T 1860—2016）规定进行测定，如特定参数不适用具体产品时，应提供说明。

（3）产品质量规格（产品质量标准）　外观、有效成分含量、相关杂质含量、其他限制性组分含量、其他与剂型相关的控制项目及指标、与产品质量控制项目相对应的检测方法和方法确认、产品质量规格确定说明。

（4）产品质量检测报告、检测方法验证报告。

（5）原（母）药（全）组分分析资料　（全）组分分析试验报告、杂质形成分析、有效成分及杂质限量。

（6）制剂（常温）储存稳定性试验报告。

203. 产品化学所需提供的报告需要有资质的单位出具吗？

答：产品化学试验报告需要由农业农村部认定的试验单位出具。

204. 能否认可国外 GLP 实验室出具的试验报告？

答：分两种情况：

（1）曾经取得农药临时登记的境外企业，在申请该产品登记时，原有的境外 GLP 报告可继续使用，并按现行的《农药登记资料要求》补齐农药登记资料。

（2）2017 年 8 月 1 日前取得农药登记田间试验批准证书的境内外企业，在申请农药登记时，可继续使用 2017 年 10 月 31 日前在境外 GLP 试验室完成的农药登记试验报告，使用期限截止到 2020 年 12 月 31 日，并按照现行的

《农药登记资料要求》补齐农药登记资料。

205. 可否减免部分产品化学相关试验?

答：(1) 认定为相同制剂的产品，可以减免常温储存稳定性试验。

(2) 企业提供合理的解释，可以减免相关试验。如理化性质中的比旋光度，对无旋光性的化合物企业做出合理解释后，可以减免该试验。

206. 隐性成分具体指的是什么?

答：隐性成分是指农药产品中含有的未在产品质量标准中明示的其他农药成分。

207. 助剂属于隐性成分吗?

答：通常农药产品中的助剂不属于隐性成分。

208. 特定助剂需要以指标形式列入产品标准吗?

答：一般情况下助剂在产品组成标明，不用在产品质量规格中规定，但安全剂、稳定剂、增效剂需要在产品质量规格中规定。

209. 使用时需添加的指定助剂需要提供什么资料?

答：《农药登记资料要求》附件 2、3、4 中产品化学规定：

(1) 产品组成　对现场配置药液时加入的单独包装的助剂（指定助剂），应单独提供其组成及以下内容：化学名称、美国化学文摘登录号（CAS 号）、分子式、结构式、含量、作用等；对于以代号表示的混合溶剂和混合助剂还应提供其组成、来源和安全性［如安全数据单（MSDS）］等资料；对于一些特殊功能的助剂，如安全剂、稳定剂、增效剂等，还应提供其质量规格、基本理化性质、来源、安全性［如安全数据单（MSDS）］、境内外使用情况等资料。

(2) 理化性质　使用时需要添加指定助剂的产品，须提交产品和指定助剂相混性的资料。

210. 化学指纹是指什么?

答：《农药登记资料要求》附件 1“农药原药（母药）登记资料要求释义与明细表：4 植物源农药母药（原药）”中注解③规定：化学指纹是指植物源农药产品的一组光谱图或色谱图，该组图谱应与其对照品或标准品的相应图谱在定性定量上相匹配，用于鉴别样品和比较样品之间的一致性。

211. 可溶粉剂的定义是什么？

答：《农药剂型名称及代码》（GB/T 19378—2017）2.2.3.1 规定，可溶粉剂是有效成分在水中形成真溶液的粉状制剂，可含有不溶于水的惰性成分。

212. 如何确定剂型名称？

答：原则上依据《农药剂型名称及代码》（GB/T 19378—2017）确定剂型名称。对于国家标准中未包含的剂型，已有登记的，可以继续批准；首次登记的，应提交剂型确定依据或说明，必要时提交剂型鉴定报告。

213. 矿物油登记时需要提交哪些产品化学资料？

答：申请矿物油农药产品登记时，除需按照《农药登记资料要求》提供相应产品化学资料外，还需按照中华人民共和国农业部公告第 1133 号规定，提交加工矿物油农药产品所用精炼矿物油的质量检测报告，以及矿物油农药产品定性鉴别、有效成分含量、相对正构烷烃碳数范围差、相对正构烷烃平均碳数质量控制等项目指标及其检测方法。精炼矿物油质量检测报告内容至少包括：有效成分含量、相对正构烷烃碳数范围差、相对正构烷烃平均碳数、非磺化物含量等。

214. 生物化学农药母药登记可以减免什么化学资料？

答：《农药登记资料要求》附件 1“农药原药（母药）登记资料要求释义与明细表：2 生物化学农药原药（母药）”中注解①规定：母药由本企业已登记原药加工而来的，其产品化学资料要求同制剂要求，但可减免常温储存稳定性试验资料，并说明生产母药的理由及母药适宜加工的剂型。

215. 使用减免登记的微生物母药加工的制剂还需要母药的资料吗？

答：需要。《农药登记资料要求》附件 2“农药制剂登记资料要求释义与明细表：3 微生物农药制剂”中注解①规定，若使用减免登记的微生物母药加工制剂的，应提交该母药的菌种鉴定报告、菌株代号、菌种描述、完整的生产工艺、组分分析试验报告以及稳定性试验资料（对温度变化、光、酸碱度的敏感性）、质量控制项目及其指标等；若使用的微生物农药母药已经医药、食品、保健品等审批机关批准登记注册的，可不提交上述资料，但应提交登记注册证书复印件、产品质量标准等材料。

216. 常温下为液体的有效成分能否加工成悬浮剂？

答：根据剂型定义，常温下为液体的有效成分一般不能加工成悬浮剂。常温下为液体的有效成分经特殊工艺加工制成悬浮剂，需提交详细的加工工艺说明，必要时提供剂型鉴定报告。

217. 原药为酸的产品能否用于加工成酯的制剂?

答：不可以。酯化、皂化等化学反应不属于制剂加工范畴。

218. 为什么需要检测微囊悬浮剂的游离有效成分?

答：《联合国粮食及农业组织和世界卫生组织农药标准制定和使用手册》中规定，为了限制微囊制剂中未包裹囊内的有效成分的比例，从而减少对使用者皮肤暴露风险（在该制剂发生严重渗透之前可以从皮肤上冲走），微囊悬浮剂、微囊悬浮-水乳剂、微囊悬浮-悬浮剂以及微囊悬浮-悬乳剂等均要求测定游离有效成分。

219. 气雾剂可以使用氯氟化碳作为推进剂吗?

答：不可以。国家环境保护局、中国轻工总会、国家计划委员会、国家经济贸易委员会、公安部、化学工业部、农业部、国家工商行政管理局、国家技术监督局联合发文（环控〔1997〕366号）规定：气雾剂行业禁止使用氯氟化碳类物质。

220. 原药登记需要提交有效成分的理化性质吗?

答：仅新农药原药（母药）需要提交有效成分理化性质资料。

221. 什么情况下化学农药原药的理化性质不需要检测?

答：化学农药原药的理化性质包括：外观（颜色、物态、气味）、熔点/熔程、沸点、稳定性（热、金属和金属离子）、爆炸性、燃烧性、氧化/还原性、对包装材料腐蚀性、比旋光度等。根据化合物特点，按照《农药理化性质测定试验导则》规定，如原药含量不低于98%，可引用有效成分理化性质数据。若有效成分理化性质未包含原药理化性质的某些项目，仍需进行原药理化性质相关项目的检测。

222. 化学农药原药的理化性质项目与2007版相比较有何变化?

答：与2007版《农药登记资料要求》相比：增加了熔程、稳定性（热、金属和金属离子）项目；将“燃点、闪点”改为“燃烧性”（固体可燃性、液体闪点）、氧化性改为氧化/还原性；腐蚀性明确为是针对包装材料等。

223. 新化学农药原药有效成分的理化性质项目与2007版相比有何变化?

答：与2007版《农药登记资料要求》相比：增加了熔程、水中光解、紫外-可见吸收光谱、电离常数等项目，删减了酸碱度或pH范围、稳定性、爆炸性、燃点、氧化性、腐蚀性等项目；将原溶解度分解为水中溶解度和有机溶剂中溶解度；对一些特定指标限定适用范围，如电离常数适用于弱酸、弱碱化合物，有机溶剂中溶解度应分别测定极性、非极性、芳香族三类溶剂中的溶解度，分配系数（正辛醇/水）仅适用非极性有机物，饱和蒸气压不适用盐类化合物等。

224. 卫生用农药是否可直接采用商品包装进行包装材料腐蚀性试验?

答：原则上按《农药理化性质测定试验导则　第16部分：对包装材料腐蚀性》（NY/T 1860.16—2016）规定进行。非气雾剂产品使用完整商业包装容器或与商业包装容器材质相同但较小的容器为试验装置时，被试物量应与实际包装量相近；气雾剂产品使用正常包装的商品气雾剂进行。

225. 生产矿物油的原料有什么具体要求?

答：中华人民共和国农业部公告第1133号第一条规定，生产企业应选择精炼矿物油生产矿物油农药产品，不得使用普通石化产品生产矿物油农药产品。

精炼矿物油的理化指标应符合：相对正构烷烃碳数差应当不大于8，相对正构烷烃平均碳数应当在21～24之间，非磺化物含量应当不小于92%。

226. 为什么理化性质与常温储存试验稳定性均有“对包装材料的腐蚀性”项目?

答：不是重复要求。通过加速储存稳定性试验可快速推断产品对包装材料的腐蚀性情况，而通过常温储存稳定性试验得到的是产品在质量保证期内对包装材料的腐蚀性情况。

227. 同一试验单位出具的质检报告和理化性质报告对同一试验项目允许只检测一次吗?

答：允许。同一试验单位出具的同一指标结论应是一致的，如外观。

228. 理化性质资料和环境行为资料中相同的检测项目可以提供一份报告吗?

答：可以。若环境报告中提交了相应的报告，则只需在理化性质资料中相应的位置注明已经在环境报告中提交。目前水解和水中光解试验数据可用环境部分的资料。

229. 密度测定方法的标准是什么？

答：《农药理化性质试验导则　第 17 部分：密度》（NY/T 1860.17—2016）3.1 规定，农药产品的密度测定应采用适当的方法进行。

（1）密度在 1.0～1.1g/mL，黏度不大于 5mPa・s 的液体宜采用比重计法；

（2）一般液体宜采用窄口比重瓶法，挥发性低但黏度很大的液体、半固体和固体宜采用广口比重瓶法；

（3）悬浮剂宜采用比重计法和密度瓶法；

（4）固体制剂宜采用堆密度法。

230. 什么情况下密度检测可以采用比重瓶法？

答：《农药理化性质试验导则　第 17 部分：密度》（NY/T 1860.17—2016）3.1 中规定，液体宜采用窄口比重瓶法，挥发性低但黏度很大的液体、半固体和固体宜采用广口比重瓶法。

231. 理化性质报告中爆炸性检测 DSC 谱图为一条直线，合理吗？

答：一般情况下 DSC 谱图不会为一条直线。对于 DSC 谱图，需要结合有效成分理化特性、产品组成对图谱中相关放热峰、吸热峰进行解析和归属。

232. 有效成分的鉴别方法有几种？

答：分四种情况：

（1）化学或生物化学农药　①至少应用一种试验方法对有效成分进行鉴别。②采用化学法鉴别时，至少应提供 2 种鉴别试验方法。③当有效成分以某种盐的形式存在，鉴别试验方法应能鉴别盐的种类。

（2）微生物农药　从形态学特征、生理生化反应特征、血清学反应、分子生物学（蛋白质和 DNA）等方面描述并提供必要的图谱、照片或序列等进行鉴别。

（3）植物源农药母药（原药）　应采用“化学指纹”图谱中的特征峰和保留时间对产品进行鉴别。

（4）植物源农药制剂　①使用原药加工制剂的，至少应用一种试验方法对有效成分进行鉴别。采用化学法鉴别时，至少应提供 2 种鉴别试验方法。②使用母药加工制剂的，应采用制剂的“化学指纹”图谱中的特征峰和保留时间对产品进行鉴别。

233. 卫生用农药产品有效成分含量的允许波动范围具体设定原则是什么?

答：卫生用农药产品有效成分含量一般由标明含量和允许波动范围组成，其要求见表1。以有效量表示含量的产品（如电热蚊香片，含量以毫克/片表示），其含量允许波动范围，先折算成质量分数，然后从表1中选择适当的对应值；对于盘香产品，其有效成分含量允许波动范围应当不高于标明含量的40%，不低于标明含量的20%。

表1　产品中有效成分含量范围要求

标明含量（x）（%或 克/100毫升，20℃±2℃）	允许波动范围
$x \leqslant 2.5$	$\pm 15\% x$，适用于乳油、悬浮剂、可溶液剂等均匀制剂； $\pm 25\% x$，适用于颗粒剂、水分散粒剂等非均匀制剂
$2.5 < x \leqslant 10$	$\pm 10\% x$
$10 < x \leqslant 25$	$\pm 6\% x$
$25 < x \leqslant 50$	$\pm 5\% x$
$x > 50$	±2.5%或±2.5克/100毫升

234. 液体制剂的有效成分含量可以用质量浓度表示吗?

答：可以。《农药登记资料要求》附件2“农药制剂登记资料要求释义与明细表：1化学农药制剂”中产品化学6.2（2）规定，有效成分含量一般以质量分数（%）表示，液体制剂的有效成分含量可以质量浓度（克/升）或质量分数（%）表示，以质量浓度表示时，应同时明确质量分数。

235. 产品质量规格依据什么标准制定?

答：企业根据产品性状和相关质检、理化和常温储存报告等来制定产品质量规格，不同剂型的产品需要设置与之相适应的技术指标，具体应按《农药登记资料要求》附件13“农药制剂不同剂型产品质量规格及其理化性质项目”规定执行。

236. 产品质量规格确定说明是否属于登记试验范畴?

答：不属于。产品质量规格确定说明是对技术指标的制定依据和合理性的解释。

237. 有效成分存在酸和盐等多种不同形式的产品，产品名称和含量如何表示?

答：对于单制剂，以有效成分的实际存在形式作为农药产品名称；对混配制剂，以简化通用名作为农药产品名称；单剂和混配制剂均以有效体的含量作为有效成分含量，产品质量标准中应规定有效体和配对离子含量。申请人如需在登记证和标签中备注盐的含量，在产品质量标准中也应一并规定盐的含量。

238. 确定产品质量规格一般需要几批次的数据?

答：一般以 5 个批次产品的全项质量控制数据作为技术指标的制定依据，所有项目应提供实测数据。

239. 是否允许质检报告和常储检测中有效成分出峰时间不同?

答：由于仪器型号、色谱柱、流动相、流速、温度等均会影响有效成分出峰时间，因此产品质量检测报告和常温储存稳定性试验报告中有效成分出峰时间略有不同可以接受。

240. 有效成分、相关杂质以及其他限制性组分等分析方法确认中，线性范围有哪些要求?

答：按《农药产品质量分析方法确认指南》（NY/T 2887—2016）3.2.1 之规定进行。被测组分相应线性范围至少应涵盖该组分测定浓度的±20%。至少配制 3 个浓度，每个浓度重复测 2 次，或者至少配制 5 个浓度，每个浓度重复测 1 次。应附上线性方程式、线性范围和线性相关系数等数据。线性范围内，相关系数（*r*）应大于 0.99，否则应提供如何保证方法有效性的说明。如因特殊需要使用非线性响应的方法，应作出解释。

241. 什么是精密度?

答：《农药产品质量分析方法确认指南》（NY/T 2887—2016）2.8 规定，指在规定条件下，统一均匀样品经多次独立测试，结果之间的接近程度。它是偶然误差的量度，可用重复性和再现性表示。

242. 有效成分、相关杂质以及其他限制性组分等分析方法确认中，精密度项目有哪些要求?

答：按《农药产品质量分析方法确认指南》（NY/T 2887—2016）3.2.1

之规定进行。精密度（重复性）试验应至少进行5次样品测定，并计算测定结果的相对标准偏差，相对标准偏差应小于$2^{(1-0.5\log C)}\times 0.67$，其中$C$为样品中有效成分含量，以小数计（如90%，$C=0.9$）。可用Dixon法或Grubbs法检验测定结果中的偏离数据，但要舍去某些结果时，应明确指出，并解释产生偏离的原因。

243. 测精密度的样品浓度怎么配制？

答：按照产品质量标准中试样溶液的浓度配制。

244. 有效成分、相关杂质以及其他限制性组分等分析方法确认中，准确度项目有哪些要求？

答：按《农药产品质量分析方法确认指南》（NY/T 2887—2016）规定进行。

（1）对原药中有效成分含量测定方法的准确度可通过特异性和精密度进行评价。

（2）对制剂中有效成分含量测定方法的准确度可用回收率来评价。首先按照配方比例要求，将除原药以外的所有助剂混匀作为制剂空白，至少制作4个空白，然后分别按制剂标称值在空白中添加有效成分，进行回收率测定。

（3）对杂质含量的准确度可采用标准品添加法计算回收率来进行评价。可配制5份与待测组分含量测定时浓度相同的样品（样品量减半，按1∶1比例加入标准品），也可至少配制3个不同浓度的样品（样品量减半，至少包括0.8∶1、1∶1、1.2∶1三个比例），每个浓度平行测2份，然后计算回收率。

245. 分析方法的重复性指的是什么？

答：《农药产品质量分析方法确认指南》（NY/T 2887—2016）2.8.1规定，重复性是由同一操作者使用同一设备，在同一实验室对同一试验物质，采用相同的分析方法，在短时间间隔内，进行多个独立试验所获得结果的一致性。

246. 分析方法的再现性指的是什么？

答：《农药产品质量分析方法确认指南》（NY/T 2887—2016）2.8.2规定，再现性是由不同操作者使用不同设备，在不同实验室对同一试验物质，采用相同分析方法，所测得试验结果的一致性。

247. 申请者提交的化学农药母药热储稳定性和低温稳定性试验资料可体现在编制说明中吗？

答：由本企业已登记原药加工而来的母药，需要提供热储稳定性试验和低温稳定性试验资料，可作为产品质量标准编制说明的一部分。

248. 企业标准需要公开吗?

答：需要公开。《中华人民共和国标准化法》第二十七条规定，国家实行企业标准自我声明公开和监督制度。国家鼓励企业标准通过标准信息公共服务平台向社会公开。《农药管理条例》第十三条规定，国务院农业主管部门应当及时公告农药登记证核发、延续、变更情况，以及有关的农药产品质量标准号、残留限量规定、检验方法、经核准的标签等信息。

249. 境外企业应按什么格式制定产品质量标准?

答：境外企业产品质量标准的格式和内容应参照境内企业产品质量标准的编写要求制定。

250. 境外企业的产品质量标准号如何确定?

答：产品质量标准号由企业根据相关规定自行确定，可参照植保国际（中国）境外企业产品质量标准编号规则。

251. 企业标准与国家标准、行业标准中有效成分含量表示方式不同，如何处理?

答：可以继续执行企业标准，但各项控制项目及指标不能低于国家标准和行业标准，且应符合农药登记相关要求。

252. 企业可以制定低于或者高于国家标准、行业标准的企业标准吗?

答：国家标准和行业标准实施后，企业可以制定控制项目及指标不低于国家标准和行业标准的企业标准。

253. 企业执行草甘膦国家标准，是否会影响后期续展?

答：如果农药产品的国家标准和行业标准中质量控制项目少于《农药登记资料要求》对应剂型的质量控制项目，原则上应重新制定符合《农药登记资料要求》的企业标准。

254. 申请登记的产品质量标准必须依据农业行业标准 NY/T 2989 规定产品控制项目吗?

答：申请登记的产品质量标准中产品质量控制项目应符合《农药登记资料要求》和相应标准规定。

255. 登记试验产品剂型为水剂，登记申请时需要变更为可溶液剂，应提交哪些产品化学资料？

答：需要根据《农药登记资料要求》附件 13“农药制剂不同剂型产品质量规格及其理化性质项目”中 2.5“可溶液剂”的指标变更产品质量标准，补做所缺项目的质量检测报告。

256. 乳油产品中有害溶剂指哪些？

答：《农药乳油中有害溶剂限量》（HG/T 4576—2013）规定，有害溶剂指农药乳油中除有效成分外，已经被确认对生产安全、人身健康和生态环境有较大危害性的溶剂（成分）。该标准中指的有害溶剂包括：苯、甲苯、二甲苯、乙苯、甲醇、N，N-二甲基甲酰胺、萘。

257. 乳油产品中二甲苯含量为 5%，可以吗？

答：可以。《农药乳油中有害溶剂限量》（HG/T 4576—2013）规定的农药乳油中有害溶剂的限量要求见表 2。

表 2　农药乳油中有害溶剂的限量要求

项　目	限量值
苯质量分数，%	≤1.0
甲苯质量分数，%	≤1.0
二甲苯质量分数*，%	≤10.0
乙苯质量分数，%	≤2.0
甲醇质量分数，%	≤5.0
N，N-二甲基甲酰胺质量分数，%	≤2.0
萘质量分数，%	≤1.0

* 为邻、对、间三种异构体之和。

258. 乳油产品标准需要制定水分指标项目吗？

答：需要制定水分指标。《农药登记资料要求》附件 13“农药制剂不同剂型产品质量规格及其理化性质项目”中 2.6.1 规定，乳油产品质量规格应包括水分。

259. 对低含量制剂应该采用什么方法来定容?

答：对蚊香、饵剂等低含量制剂，如称样量较大时应采用添加定量溶剂法定容。

260. 性诱剂有效成分有效位数是否可以3位或4位?

答：《农药登记资料要求》附件12“农药产品有效成分含量设定原则”中2.2规定，有效成分含量“≥10%或≥100克/升”的，含量有效数字不多于3位；有效成分含量“<10%或<100克/升”的，含量有效数字不多于2位。

混配制剂总有效成分含量和各有效成分含量不能同时符合该要求的，总有效成分含量的有效数字应当符合规定要求。

261. 产品组成中含渗透剂，有效成分含量如何设定?

答：《农药登记资料要求》附件12“农药产品有效成分含量设定原则”中5规定，含有渗透剂或增效剂的农药产品，其有效成分含量设定应当与不含渗透剂或增效剂的同类产品的有效成分含量设定要求相同。

262. 产品质量标准编制说明中对热储稳定性能否以合格来描述?

答：不可以。热储、低温、冻融稳定性试验中的检测项目须提供实测结果。以吡嘧磺隆可分散油悬浮剂的热储稳定性试验为例，需要提供热储后有效成分、pH值、悬浮率、倾倒性、湿筛试验的实测数据。

263. 热储稳定性的替代条件是什么?

答：《农药登记资料规定》附件2“农药制剂登记资料要求释义与明细表：1化学农药制剂”中注解②规定，热储稳定性的一般试验条件为（54±2)℃，2周。替代条件是：（50±2)℃，4周；（45±2)℃，6周；（40±2)℃，8周；(35±2)℃，12周；(30±2)℃，18周。如选择替代条件应说明理由。

264. 冻融稳定性试验样品可以在−5℃储存吗?

答：不可以。《农药登记资料要求》附件2“农药制剂登记资料要求释义与明细表：1化学农药制剂和2生物化学农药制剂”中注解③规定，结冻和融化稳定性试验一般应在（−10±2)℃和（20±2)℃之间做4个循环，每个循环为结冻18小时，融化6小时。

265. 常温储存稳定性试验需要检测几批次样品？

答：《农药常温储存稳定性试验通则》（NY/T 1427—2016）3.1.1 规定，取至少 1 个批次正常生产的原包装（或相同材质的小包装）的产品，每批次抽取的包装数应足够完成试验计划。每次检测的试样均应从未开封的产品中称取。

266. 常温储存稳定性试验结果应包含哪些信息？

答：《农药常温储存稳定性试验通则》（NY/T 1427—2016）规定，试验结果应包含以下内容：①生产日期和/或批号；②检测日期；③样品初始质量；④样品检测时质量；⑤质量变化率；⑥样品外观：包括颜色、气味、物理状态；⑦有效成分含量；⑧异构体比例；⑨有效成分分解率；⑩分解产物含量（当分解率大于 5%时）；⑪相关杂质含量；⑫其他限制组分含量；⑬其他必要的控制项目试验结果；⑭包装物被腐蚀情况。

267. 如何规范描述常温储存稳定性试验报告结论？

答：《农药常温储存稳定性试验通则》（NY/T 1427—2016）规定，应根据试验结果推荐产品质量保证期。通常农药制剂质量保证期为 2 年。如果推荐的质量保证期少于 2 年，则按如下方式表述：未开封的样品，避免阳光直射（和/或其他条件），于××℃（或温度范围）储存，质量保证期至少××个月。

268. 常温储存稳定性试验储存温度可以为 40℃吗？

答：可以。《农药常温储存稳定性试验通则》（NY/T 1427—2016）3.2 规定，产品应在不低于 20℃的温度条件下储存，推荐温度为（30±2）℃。试验期间应于每天同一时间记录产品的储存温度。对于生物农药等特殊制剂，可在特定温度条件下储存。对于光不稳定的产品应避光保存。

269. 质量保证期为 1 年的产品常温储存试验可以做 3 点检测吗？

答：不可以。《农药常温储存稳定性试验通则》（NY/T 1427—2016）3.4 规定，对于质量保证期不足 2 年的产品，应合理缩短检测时间间隔，同样要求至少 5 个时间点的检测数据。

270. 常温储存稳定性试验是否只需检测有效成分含量？

答：不是。《农药常温储存稳定性试验通则》（NY/T 1427—2016）3.5 规定，应检测的项目包括外观、样品质量（含包装物）变化率、有效成分含量及异构体比例、分解产物含量（当有效成分分解率大于5%时）、相关杂质含量、其他限制性组分（安全剂、稳定剂等）含量及制剂的其他必要的控制项目。若有些固体制剂使用可溶性袋包装，应增加包装袋的溶解性和持久起泡性等适宜指标。还应观察包装物是否变形、泄漏和其他被腐蚀的现象。

271. 同一产品使用不同材质的外包装是否需要进行常温储存稳定性试验?

答：需要。《农药常温储存稳定性试验通则》（NY/T 1427—2016）3.1.2规定，不同材质包装的同一产品应分别进行常温储存稳定性试验。

272. 登记后换包装，是否需要重新进行两年常温储存试验?

答：农药产品登记后如果更换包装，应重新开展常温储存稳定性试验。《常温储存稳定性试验通则》（NY/T 1427—2016）3.1.2规定，不同材质包装的同一产品都应分别进行常温储存稳定性试验。

273. 外包装为可溶性材料，常温储存试验是否和常规包装一样?

答：不一样。《农药常温储存稳定性试验通则》（NY/T 1427—2016）3.5规定，若有些固体制剂使用可溶性袋包装，应增加包装袋的溶解性和持久起泡性等适宜指标。

274. 相似产品是否可以减免常温储存稳定性试验?

答：不可以。《农药登记资料要求》中规定，只有相同产品可以减免常温储存稳定性试验资料。

275. 常温储存稳定性试验是否有加快的试验方法?

答：没有。《农药常温储存稳定性试验通则》（NY/T 1427—2016）3.3规定，常温储存稳定性试验一般要求样品在选定的条件下储存2年。

276. 2017年开展的两年常温储存试验是否还需要备案?

答：不需要。2018年10月25日农业农村部公布第一批农药登记试验单位认定名单，在此之前完成或已开展的储存稳定性试验，相关试验报告按原要求执行，但应提交全部原始记录和原始谱图。报告使用期限截止到2020年12月31日。

277. 常温储存稳定性试验的目的是什么?

答：常温储存稳定性试验的目的是为了确定产品的质量保证期，而不是先定质量保证期后再去进行常温储存稳定性试验。

278. 已经完成的常温储存稳定性试验报告指标与现行要求指标有出入，是否需要补做两年？

答：不需要再次开展常温储存稳定性试验，但应重新制定产品质量标准，并提交新增质量控制项目的产品质量检测报告。

279. 水分散粒剂常温储存试验的其他控制项目指的是什么？

答：《农药常温储存稳定性试验通则》（NY/T 1427—2016）附录A中1.11规定，水分散粒剂应测定的其他控制项目应包括酸碱度或pH、悬浮率湿筛试验分散性、粉尘、耐磨性。

280. 未包含在《农药常温储存稳定性试验通则》附录A中的剂型该测什么其他控制指标？

答：《农药常温储存稳定性试验通则》（NY/T 1427—2016）附录A中"注"规定，以上未提到的剂型，可参照类似剂型执行。

281. 原药名称多于9个字需要写简化通用名称吗？

答：无强制要求。《农药登记资料要求》附件11"农药名称命名原则"中规定，原药（母药）名称用"有效成分中文通用名称或简化通用名称"表示。

282. 原药（母药）产品质量规格需要包括什么项目？

答：《农药登记资料要求》附件1"农药原药（母药）登记资料要求释义与明细表"中产品化学规定，化学农药和生物化学农药原药（母药）产品质量规格应包括外观、有效成分含量、相关杂质含量、其他限制性组分含量、酸/碱度或pH范围、不溶物、水分或加热减量；微生物农药母药产品质量规格应包括外观、有效成分含量、微生物污染物及有害杂质含量、其他限制性组分含量、酸/碱度或pH范围、不溶物、水分或加热减量；植物源农药母药（原药）产品质量规格应包括外观、有效成分、标志性成分含量、相关杂质含量、其他限制性组分含量、酸/碱度或pH范围、不溶物。

283. 农药原药含量有下限吗？原药含量分级别吗？

答：有。《农药登记资料要求》附件1"农药原药（母药）登记资料要求释义与明细表"中产品化学规定，原药应规定有效成分最低含量（以质量分数表示），不设分级，一般不得小于90%。通常取5批次有代表性的样品，测定其有效成分含量，计算平均值和标准偏差，根据所得结果，确定有效成分最低含量，并提供所用的统计方法。

284. 母药含量可以有上下限吗？

答：可以。《农药登记资料要求》附件1“农药原药（母药）登记资料要求释义与明细表”中产品化学规定，化学农药和生物化学农药母药含量由标明含量和允许波动范围组成，标明含量通常取5批次有代表性的样品检测结果的平均值，允许波动范围参照制剂要求；植物源农药母药有效成分或标志性成分含量由标明含量和允许波动范围组成，标明含量通常取5批次有代表性的样品检测结果的平均值，允许波动范围为标明含量的±25%；微生物农药母药应规定有效成分最低含量。

285. 2017版《农药登记资料要求》中原药全组分分析试验要求与2007版《农药登记规定》相比有哪些变化？

答：主要有五个变化：

（1）定性分析试验的样品由5批次减少为1批次。

（2）对杂质进行定量分析时，需采用标准品对照定量法测定含量≥0.1%的任何杂质和含量＜0.1%的相关杂质的质量分数。

（3）定量分析方法确认需按照《农药产品质量分析方法确认指南》要求进行。

（4）标准品需提供分析证书，包括名称、CAS号（适用时）、纯度、来源、批号、有效期、储存条件、定值方法及谱图等。对于非商业化的杂质标准品，在准确定性的基础上，可使用面积归一法进行定量。

（5）明确必须要分析的杂质类型，包括但不限于：苯胺和取代苯胺类、硫酸二甲酯类、二氯联苯三氯乙烷（DDT）类、乙撑硫脲（ETU）和丙烯硫脲（PTU）类、卤代二苯并二噁英类、卤代二苯并呋喃类、肼和取代肼类、亚硝胺类、有机磷酸酯氧化物类、四乙基硫代二磷酸盐（治螟磷）类、有机磷酸酯和氨基甲酸酯的亚砜和砜化物类、氯化偶氮苯类、甲基异氰酸酯类、多氯代联苯（PCBs）和六氯苯（HCB）类、苯酚类。全组分分析试验应对可能存在的这些杂质进行定性定量分析。

286. 全组分分析试验需提供几批次样品？

答：《农药登记原药全组分分析试验指南》（NY/T 2886—2016）4.2规定，全组分分析试验样品应是申请人自行研制的成熟定型的5批次有代表性的原药。

287. 原药5批次是同一个生产日期不同包装的产品吗？

答：不是。《农药登记原药全组分分析试验指南》（NY/T 2886—2016）3.6规定，批次是指在一个确定的周期内，生产的一定数量的具有一致性状的产品。

288. 红外光谱法可以作为原药定性分析的依据吗？

答：红外光谱法可以作为原药定性分析的一种方法。《农药登记原药全组分分析试验指南》（NY/T 2886—2016）4.3.1规定，应提供原药紫外光谱、红外光谱、核磁共振谱和质谱的试验方法、解析过程、结构式及相关谱图。

289. 原药全组分分析报告中组分总含量可以小于98%吗？

答：不可以。《农药登记原药全组分分析试验指南》（NY/T 2886—2016）4.5规定，通常情况下，当使用定量分析方法测得的各组分含量总和不足98%时，应采用其他可能的方法进一步鉴定分析。

290. 原药全组分分析对谱图有何要求？

答：《农药登记原药全组分分析试验指南》（NY/T 2886—2016）4.6规定，主要谱图包括典型批次原药（至少1批次）的定性分析谱图和5批次原药定量分析谱图。

291. 原药有效成分分析方法的准确度测定有何要求？

答：《农药产品质量分析方法确认指南》（NY/T 2887—2016）3.2.1规定，无须进行回收率测定来评价其准确度，可通过特异性和精密度进行评价。

292. 原药有效成分分析方法的确认有何要求？

答。《农药产品质量分析方法确认指南》（NY/T 2887—2016）3.2.1规定，有效成分含量测定的方法确认至少应包括以下试验：①特异性；②线性相关；③精密度。

293. 原药有效成分分析的特异性检测有何要求？

答：《农药产品质量分析方法确认指南》（NY/T 2887—2016）3.2.1规定，特异性以待测物质的特点来确定，通常用光谱法来鉴别分析有效成分，如使用GC/MS、LC/MS和HPLC-DAD法。当采用光谱法时，应能明显根据光谱对有效成分进行鉴别。若采用的是未经方法确认的原创色谱方法，则应进行方法特异性确认。原药中有效成分分析方法应报告杂质的干扰程度，且杂质干扰不能超过测定的有效成分峰面积的3%。如果有效成分为光学纯，其分析方法也应符合该要求。

294. 如何对全组分分析中杂质形成进行分析?

答：《农药登记资料要求》附件1“农药原药（母药）登记资料要求释义与明细表”中产品化学4.2规定，从化学理论、原材料、生产工艺等方面对分析检测到的和推测可能存在的杂质的形成原因进行分析。

295. 需要提供杂质和代谢物标准品吗?

答：需要。《农药登记资料要求》1.6规定，申请新农药登记，应提供有效成分标准品2g，主要代谢物和相关杂质标准品0.5g，原药（母药）样品100g（mL），制剂样品250g（mL）。

296. 原药中低于0.2%的其他杂质需要定量分析吗?

答：需要。《农药登记原药全组分分析试验指南》（NY/T 2886—2016）4.4.1规定，应采用标准品对照定量法，测定5批次原药中有效成分、相关杂质和含量≥0.1%的其他杂质的质量分数，分析方法应进行确认。

297. 如何测定原药中杂质含量的准确度?

答：《农药产品质量分析方法确认指南》（NY/T 2887—2016）3.2.2规定，对于原药中的杂质分析方法，可采用标准品添加法，通过计算回收率评价其准确度。应在符合产品规格的水平上进行回收率测定，如采用其他方法，应详细说明试验过程。

进行添加回收率试验时，可配制与待测组分含量测定时浓度相同的5份样品（样品取样量减半，按1∶1比例加入标准品），也可至少配制3个不同浓度的样品（样品取样量减半，至少包括0.8∶1、1∶1、1.2∶1三个比例），每个浓度平行测2份，共6份。

298. 原药的水分应按照哪一个方法测定?

答：《农药登记原药全组分分析试验指南》（NY/T 2886—2016）4.4.2规定，原药中的水分按GB/T 1600进行测定。

299. 原药定量对标准品有何要求?

答：《农药登记原药全组分分析试验指南》（NY/T 2886—2016）4.1规

定，试验中采用的标准品应提供分析证书，并包含以下信息：名称、CAS号（适用时）、纯度、来源、批号、有效期、储存条件、定值方法及谱图等。

300. 含盐原药需要对盐离子进行鉴别吗？

答：需要。《农药登记资料要求》附件1“农药原药（母药）登记资料要求释义与明细表”中产品化学6.1规定，当有效成分以某种盐的形式存在，鉴别试验方法应能鉴别盐的种类。《农药登记原药全组分分析试验指南》（NY/T 2886—2016）4.3.1规定：当有效成分以盐等形式存在时，应对其反荷离子进行鉴别。

301. 定量限和检出限有何区别？

答：《农药产品质量分析方法确认指南》（NY/T 2887—2016）2.9规定，定量限（LOQ）是在满足适当的精密度和准确度要求下，可对样品中的被测组分进行定量检测的最低量或浓度，是低含量组分如杂质或降解物定量分析中的重要参数。一般用信噪比（SNR）为10时物质的量或浓度来表示。

分析方法的检出限是指样品中被测组分能被检出的最低量，但并不要求可定量检测，一般用信噪比为3时物质的量或浓度来表示。

302. 定量限可以大于原药中有效成分含量的0.1%吗？

答：不可以。《农药产品质量分析方法确认指南》（NY/T 2886—2016）3.2.2规定，原药中的杂质分析方法应报告定量限，根据原药所声明的技术规格要求，定量限应小于原药中有效成分含量的0.1%。当存在相关杂质时，定量限应在适当的水平。

303. 原药（母药）对限量建立依据需要提供什么样的统计学说明？

答：统计学说明是对有效成分申请含量及杂质限量确定的统计方法的描述。例：取5批次有代表性的样品，检测其有效成分含量，计算平均值和标准偏差，用平均值减去3倍标准偏差作为原药有效成分申请含量的下限。

304. 有效成分含量确定最低含量能否使用原药限量的统计学说明？

答：可以。

305. 需要哪些资料确定原药的质量保证期？

答：原药（母药）应规定质量保证期。对于规定质量保证期不大于2年的，申请农药登记时无需将原药的相关储存稳定性试验资料作为登记资料提交，由申请者按照产品储存稳定性自行确定质量保证期；对于规定质量保证期大于2年的，申请农药登记时应提交相应的原药实际储存稳定性试验资料，或者根据相应制剂的质量保证期规定。

306. 确定原药的质量保证期需要开展哪些试验?

答：按照《农药理化性质测定导则　第4部分：热稳定性》(NY/T 1860.4—2016) 3.1加速储存试验、3.2 DTA (或DSC) 法或3.3 TGA法 (三者选一即可)，测定原药的热稳定性。

(1) 如热稳定性试验结果符合以下两种情况之一的，则认为原药在室温下是稳定的，可标注2年质量保证期。

①加速储存试验中熔点（或其他特性）维持稳定或有效成分含量分解率不超过5%；

②DTA（或DSC)、TGA试验中，有效成分在150℃以下未发生分解或化学反应。

(2) 如热稳定性试验结果不符合上述两种情况之一的，则认为原药的稳定性较差，需按照实际储存稳定性试验数据确定原药的质量保证期。

307. 含量低于1%的卫生用母药可以不提交异构体比例吗?

答：不可以。《农药登记资料要求》附件1“农药原药（母药）登记资料要求与明细表：1化学农药原药（母药）和2生物化学农药（母药)”中注解②规定，如含量低于1%的卫生用农药母药涉及异构体拆分，在对产品中有效成分的鉴别试验（包括异构体的鉴别）做出说明的情况下，可以不提供相应的异构体拆分方法和方法验证报告，但提交的资料中应包含下列内容：

(1) 当产品中有效成分是指某一特定异构体时，有效成分含量应当是总含量乘以所使用原药中有效异构体比例系数；

(2) 当有效成分由一个以上异构体按不同比例组成时，应规定总含量以及不同异构体所占的比例；

(3) 鉴别试验中应说明原药中异构体的比例范围以及原药异构体的拆分方法和色谱图。

308. 含量低于1%的卫生用母药可以不提交异构体拆分方法报告吗?

答：可以。《农药登记资料要求》附件1“农药原药（母药）登记资料要求与明细表：1化学家药原药（母药）和2生物化学农药（母药)”中注解②规定，如含量低于1%的卫生用农药母药涉及异构体拆分，在对产品中有效成分的鉴别试验（包括异构体的鉴别）做出说明的情况下，可以不提供相应的异构体拆分方法和方法验证报告。

309.《农药剂型名称及代码》（GB/T 19378—2017）与《农药登记资料要求》附件13中的剂型相比有什么差别？

答：《农药剂型名称及代码》（GB/T 19378—2017）中规定了56种剂型：14种固体制剂、19种液体制剂、5种种子处理制剂、18种其他制剂。《农药登记资料要求》附件13“农药制剂不同剂型产品质量规格及其理化性质项目”中规定了43种剂型：11种固体制剂、15种液体制剂、6种种子处理制剂、11种其他制剂。

《农药剂型名称及代码》与《农药登记资料要求》附件13相比有以下差别：

（1）固体制剂：多了球剂、条剂、油分散粉剂；

（2）液体制剂：多了乳胶、膏剂、油乳剂、脂剂、油悬浮剂，少了超低容量液剂，其中油剂含有展膜油剂；

（3）种子处理制剂：少了悬浮种衣剂；

（4）其他制剂：多了防蚊片、挥散芯、防蚊网、防虫罩、驱蚊乳、驱蚊巾、热雾剂、超低容量液剂。

310.《农药剂型名称及代码》（GB/T 19378—2017）中未包含的剂型，申请登记时如何处理？

答：《农药剂型名称及代码》国家标准已修订，标准号由GB/T 19378—2003变更为GB/T 19378—2017。

（1）对于旧标准包含的、新标准取消的剂型，应根据产品组成和生产工艺等重新确定剂型名称，如杀虫喷射剂、水剂、悬浮种衣剂等，必要时进行剂型鉴定。

（2）对于新旧标准都不包含的剂型，已有登记的，可以继续批准；尚未登记过的，应提交剂型鉴定报告。

311. 制剂有效成分含量设置的原则是什么？

答：按《农药登记资料要求》附件12“农药有效成分含量设定原则”规定执行。

312. 如何确定农药制剂含量上下限？

答：农药制剂产品有效成分含量一般由标明含量和允许波动范围组成，其要求见表1。

313. 制剂有效成分分析方法确认需要做哪几项试验?

答：5项。《农药产品质量分析方法确认指南》（NY/T 2887—2016）3.3.1规定，有效成分含量测定方法的确认至少应包含以下试验：①特异性；②线性相关；③准确度；④精密度；⑤非分析物干扰。

314. 分析方法确认的原始谱图需要包含哪些信息?

答：《农药产品质量分析方法确认指南》（NY/T 2887—2016）4规定，原始分析谱图由仪器工作站直接生成输出，至少包含仪器信息、进样信息、积分信息等。

315. 哪些项目的检测方法需要方法验证?

答：有效成分或标志性成分、相关杂质、微生物污染物、有害杂质及安全剂、稳定剂、增效剂等其他限制性组分含量的检测方法，应由出具产品质量检测报告的登记试验单位进行验证，并出具检测方法验证报告，其他控制项目的检测方法可不进行方法验证。

316. 特异性是对有效成分的确认还是对该方法下的有效成分的确认?

答：特异性是分析方法下的有效成分的确认。《农药产品质量分析方法确认指南》（NY/T 2887—2016）2.5规定，特异性是指分析方法中的特定组成产生的特定信号，即在其他成分（如杂质、添加剂等）可能存在时，采用的分析方法能够准确测定目标组分（有效成分、杂质等）特性的能力。

317. 制剂中异构体比例需要和原药一致吗?

答：需要。《农药登记资料要求》附件2“农药制剂登记资料要求释义与明细表：1化学农药制剂和2生物化学农药制剂”中产品化学6.2规定，有效成分存在异构体时，制剂中异构体名称、比例应与所用的原药一致。

318. 原药的相关杂质限量≤0.1克/千克时，颗粒剂可否不加相关杂质的指标?

答：制剂中相关杂质的限量一般按照所用原药（母药）中相关杂质限量折算，但在制剂加工过程中可能导致相关杂质含量增加，因此即使相关杂质理论计算限量很低，也需要制定相关杂质限量指标。实际检测时，如果未检出，需提供检出限。

319. 检测方法只能对两种相关杂质中的一种准确测定，该方法的特异性符合要求吗？

答：不符合。《农药产品质量分析方法确认指南》（NY/T 2887—2016）3.3.2 规定，如果制剂中含有不止一种相关杂质，分析方法应能对每个相关杂质进行区分并准确测定。如果一种相关杂质中存在不止一种异构体及类似物，该方法应能区分每一个异构体或类似物。

320. 制剂中相关杂质分析方法确认仅做特异性试验可以吗？

答：不可以。《农药产品质量分析方法确认指南》（NY/T 2887—2016）3.3.2 规定，相关杂质含量测定方法的确认至少应包含以下试验：①特异性；②线性相关；③准确度；④精密度；⑤定量限。

321. 为何需要检测制剂中的非分析物干扰？

答：为避免系统误差。《农药产品质量分析方法确认指南》（NY/T 2887—2016）3.3.1 规定，在评价准确度时，通常会包含非分析物质的干扰试验，因为助剂中的任何干扰物质均会导致分析方法出现系统误差。

322. 非分析干扰物是不是仅需做一个空白样品？

答：不是。《农药产品质量分析方法确认指南》（NY/T 2887—2016）3.3.1 规定，分析时应同时测定不带助剂的原药和空白样品，证明其无相互干扰或对产生的干扰进行量化，提交样品色谱图或其他分析结果。

323. 原药供应商以涉及商业机密为由不提供相关杂质信息，制剂企业可以不提供相关信息吗？

答：不可以。相关杂质信息不属于商业机密，必须在产品质量规格中进行规定。

324. 制剂的回收率应符合什么要求？

答：《农药产品质量分析方法确认指南》（NY/T 2887—2016）3.3.1 规定，用回收率评价制剂产品中有效成分分析方法的准确度，其结果应符合表 3 的要求。

表 3　制剂中有效成分分析的回收率要求

有效成分含量，%	回收率，%
＞10	98～102

（续）

有效成分含量，%	回收率，%
1～10	97～103
<1	95～105
0.01～0.1	90～110
<0.01	80～120

325. 制剂质量保证期如何确定？

答：应根据（常温）储存稳定性试验数据规定合理的产品质量保证期。

326. 微生物农药母药的菌种鉴定报告是否可以使用境外试验报告？

答：不可以。《农药登记资料要求》附件 1“农药原药（母药）登记资料要求释义与明细表：3 微生物农药母药”中产品化学及生物学特性 1 规定，菌种鉴定报告应由国家权威微生物研究单位出具。

327. 菌种鉴定报告主要包括哪些内容？

答：菌种鉴定报告至少应包括形态学特征、生理生化反应特征、血清学反应、蛋白质和 DNA 鉴别等内容。对于细菌农药和新菌种的真菌农药，还需提供全基因组序列测定及其与同种标准基因组之间所存在差异的描述等内容，真菌农药的新菌株提供特异基因序列测定即可，可由出具菌种鉴定报告的单位一并给出。

328. 微生物农药母药对菌种历史及应用情况的描述应包括哪些内容？

答：需要描述该微生物对靶标有害生物的作用机理以及既往使用情况，包括积极作用和负面影响。

329. 对转基因微生物的菌种描述有什么特殊要求吗？

答：《农药登记资料要求》附件 1“农药原药（母药）登记资料要求释义与明细表：3 微生物农药母药”中注解①规定，对于转基因微生物，还需提交所采用的基因工程技术、插入或敲出的基因片段（碱基序列或限制性内切酶图谱）、与亲本菌株相比较所表现的新特性、在自然环境中的遗传稳定性、转基因生物安全证书以及与转基因相关的遗传背景信息。

330. 微生物农药母药的生产工艺需要描述微生物的生长情况吗？

答：需要。微生物农药母药的生产工艺应描述每一个生产步骤的主要操作和目的，目标微生物的生长情况以及可能产生的有害代谢物质的名称和含量。

331. 微生物农药母药登记理化性质包括哪些项目？

答：《农药登记资料要求》附件1“农药原药（母药）登记资料要求释义与明细表：3微生物农药母药”中产品化学及生物学特性4规定，理化性质包括：外观（颜色、物态、气味）、密度、稳定性和对包装材料的腐蚀性等，其中稳定性包括：

①对温度变化的敏感性：提供有效成分在不同温度条件下储存一定时间后的存活率，以评估产品的储运条件；

②对光的敏感性：提供有效成分在光照条件下储存一定时间后的存活率，以评估产品的包装、使用等条件；

③对酸碱度的敏感性：提供有效成分在不同pH条件下储存一定时间后的存活率，以评估产品的技术指标。

332. 微生物农药母药理化性质中对温度变化的敏感性需要有几个温度？

答：3个温度。提供有效成分在不同温度（高、中、低）条件下储存一定时间后的存活率，以评估产品的储运条件。

333. 微生物农药母药需要做全组分分析吗？

答：微生物农药母药不需要开展全组分分析试验，提供组分分析试验报告即可。《农药登记资料要求》附件1“农药原药（母药）登记资料要求释义与明细表：3微生物农药母药”中产品化学及生物学特性5中规定，组分分析试验报告应包括但不限于以下内容：一批次产品的有效成分、微生物污染物（杂菌）、有害杂质（对人、畜或环境生物有毒理学意义的代谢物和化学物质）及其他化学成分的定性分析；五批次产品的有效成分、微生物污染物（杂菌）、有害杂质（对人、畜或环境生物有毒理学意义的代谢物和化学物质）及其他化学成分的定量分析。

334. 如何开展微生物农药母药的有害杂质及其他化学成分的定量分析？

答：按《农药登记原药全组分分析试验指南》（NY/T 2886—2016）规定进行。

335. 微生物农药母药有效成分含量能否以大于等于的方法表示？

答：可以。《农药登记资料要求》附件1“农药原药（母药）登记资料要求释义与明细表：3微生物农药母药”中产品化学及生物学特性6.2规定，应规定有效成分最低含量。

336. 微生物农药制剂的理化性质包括哪些内容?

答：《农药登记资料要求》附件 2 “农药制剂登记资料要求释义与明细表：3 微生物农药制剂”中产品化学及生物学特性 5 规定，制剂的理化性质包括：外观（颜色、物态、气味）、密度、对包装材料的腐蚀性。使用时需要添加指定助剂的产品，须提交产品和指定助剂相混性的资料。

337. 微生物农药制剂需要做热储稳定性试验吗?

答：不需要。《农药登记资料要求》附件 2 “农药制剂登记资料要求释义与明细表：3 微生物农药制剂”中产品化学及生物学特性 9 规定，一般不需提交热储稳定试验数据。也就是说，微生物农药制剂可不规定热储稳定性控制项目及指标。

338. 微生物农药制剂需要提供储存稳定性报告吗?

答：需要。《农药登记资料要求》附件 2 “农药制剂登记资料要求释义与明细表：3 微生物农药制剂”中产品化学及生物学特性 9 规定，应提供至少 1 批次样品在指定温度下的储存稳定性试验资料，如在 20～25℃储存 1 年或 0～5℃储存 2 年。

339. 微生物农药制剂储存试验后含量可以低于储前含量的 90%?

答：可以。一般来说，微生物农药储后有效成分含量不得低于储前含量的 80%，且应符合产品质量规格要求。

340. 微生物农药有效成分含量单位如何表述?

答：《农药登记资料要求》附件 1 “农药原药（母药）登记资料要求释义与明细表：3 微生物农药母药”和附件 2 “农药制剂登记资料要求释义与明细表：3 微生物农药制剂”中产品化学及生物学特性 6.2 规定，有效成分含量通常以单位质量或体积产品中的微生物数量表示，根据测定方法的不同而规定不同的微生物含量单位。

病毒产品以 PIB/克或毫升、OB/克或毫升表示；细菌产品以 CFU/克或毫升、IU/毫克或微升表示；真菌产品以孢子/克或毫升、CFU/克或毫升表示。

341. 如果微生物农药制剂的整个工艺过程没有母药参与，是否需要提交母药的相关资料?

答：需要。根据《农药登记资料要求》附件 2 “农药制剂登记资料要求释义与明细表：3微生物农药制剂”中注解①规定，若使用减免登记的微生物母药加工制剂的，应提交添加助剂前的母药（或母液）的菌种鉴定报告、菌株代号、菌种描述、完整的生产工艺、组分分析试验报告以及稳定性试验资料（对温度变化、光、酸碱度的敏感性）、质量控制项目及其指标等资料。若使用的微生物农药母药已经医药、食品、保健品等审批机关批准登记注册的，可不提交上述资料，但应提交登记注册证书复印件、产品质量标准等材料。

342. 微生物农药是否需要提交低温稳定性试验资料？

答：对于微生物农药制剂，一般需要提交低温稳定性试验资料，但如果该微生物菌种对低温敏感，在提交证明数据的情况下，可不规定低温稳定性试验项目。

343. 植物源农药母药理化性质也需要检测9项吗？

答：不需要。《农药登记资料要求》附件1“农药原药（母药）登记资料要求释义与明细表：4植物源农药母药（原药）”中产品化学3.2规定，母药的理化性质包括：外观（颜色、物态、气味）、稳定性（热、金属和金属离子）、燃烧性、对包装材料腐蚀性、比旋光度等。

344. 确定植物源农药标志性成分的依据是什么？

答：对于植物源农药，除确定的有效成分外，峰面积≥主峰面积50%的成分以及含量≥10%的成分一般应规定为标志性成分（溶剂除外）。

345. 植物源农药的标志性成分是指什么？

答：《农药登记资料要求》附件1“农药原药（母药）登记资料要求释义与明细表：4植物源农药母药（原药）”中注解②规定，标志性成分是指植物源农药“化学指纹”图谱中稳定出现的物质，也可指文献报道或经实验室分析确认的潜在活性来源的物质。标志性成分可为一种或多种组分，作为植物源农药的质量控制指标。

346. 植物源农药组分分析试验报告包含哪些内容？

答：《农药登记资料要求》附件1“农药原药（母药）登记资料要求释义与明细表：4植物源农药母药（原药）”中产品化学4.1规定，实行分类管理，根据类别不同，提交包含不同内容的组分分析试验报告。

（1）第1类植物源农药母药：所用植物被长期广泛使用。应提交该母药的组分分析报告，报告内容至少包括有效成分、标志性成分、相关杂质、溶剂的定性定量分析数据和5批次产品的“化学指纹”图谱。

（2）第2类植物源农药母药：所用植物没有被广泛使用。应提交该母药完整的组分分析报告，报告内容至少包括有效成分、标志性成分、相关杂质、峰面积≥主峰面积10%的成分以及含量≥1%的成分、溶剂的定性定量分析数据和5批次产品的“化学指纹”图谱，定量分析所得的各种组分含量总和不得低于80%。

（3）试验方法、试验报告等参照《农药登记原药全组分分析试验指南》规定执行。

347. 新植物源农药如何确定相关杂质?

答：相关杂质是指与农药有效成分相比，农药在生产和储存过程中所含有或产生的对人类和环境具有明显毒害、对使用作物产生药害、引起农产品污染、影响农药产品质量稳定性或引起其他不良影响的杂质。申请人可以根据生产工艺、组分分析报告、毒理学等试验结果进行判定，如印楝素母药中黄曲霉毒素为相关杂质。

348. 植物源母药组分分析试验中的“长期广泛使用”如何理解?

答：可理解为已经医药、食品、保健品等审批机关批准登记注册且长期使用的。

349. 植物源农药的热储分解率可以扩大到10%吗?

答：不可以。《农药登记产品规格制定规范》（NY/T 2989—2016）4.7.2规定，制剂（气体制剂除外）应进行热储稳定性试验，有效成分分解率应不大于5%，有机磷产品分解率应不大于10%。若超出范围，应有主要降解产物信息。

350. 含量设定不符合《农药登记资料要求》附件12规定的，含量调整后需要重新进行常温储存稳定性试验吗?

答：不需要。《农药登记资料要求》附件12“农药产品有效成分含量设定原则”中6规定，申请登记的农药产品，有效成分含量不符合上述规定的，可按照相近原则变更有效成分含量，并提交以下资料：

（1）变更有效成分含量的说明；

（2）含量变更后的产品化学资料，其中常温储存稳定性试验或微生物农药制剂的储存稳定性试验可使用含量变更前的试验资料；

（3）提高有效成分含量的，应提交急性毒性试验资料。

351. 助剂变化是否需要申请组分变更?

答：需要。申请制剂质量规格或组成变更，产品化学资料需要提供产品组成、产品质量标准、质量检测报告、理化性质测定报告、储存稳定性试验报告等。

352. 增加少量防腐剂是否需要申请制剂产品组成变更?

答：需要。

353. 已登记产品含量与国标不一致，需要变更为与国标含量一致吗?

答：不需要。

354. 原药申请含量变更需要做全分析报告吗?

答：需要。原药申请含量变更，产品化学资料需要提供生产工艺变化情况说明、产品质量标准、质量检测报告、理化性质测定报告、全组分分析试验报告等。

355. 如果原药申请含量变更，对全分析报告，除了含量需比之前提高，对杂质含量与种类有要求吗?

答：没有，但如出现新的相关杂质，需提交相应的毒理学和环境影响试验资料进行重新评价。

第四部分：药　　效

356. 农药登记药效方面的资料主要包括哪些?

答：

（1）农林用农药药效资料主要包括以下几个方面：

①效益分析报告；②药效试验资料；③抗性风险评估资料；④其他资料；⑤综合评估报告。

其中，药效试验资料主要包括：室内生物活性测定报告或配方筛选报告；室内作物安全性试验报告；田间小区药效试验资料；大区药效试验资料。

（2）卫生用农药药效资料主要包括以下几个方面：

①效益分析报告；②药效试验资料；③抗性风险研究报告；④使用特性；⑤综合评估报告。

其中，药效试验资料主要包括：室内生物活性试验资料；室内药效测定试验报告；模拟现场试验报告；现场试验报告。

（3）杀鼠剂药效资料主要包括以下几个方面：

①效益分析报告；②药效试验资料；③使用特性；④综合评估报告。

其中，药效试验资料主要包括：室内生物活性资料；室内药效试验报告；现场试验报告。

357. 哪些情形可减免部分田间药效试验?

答：为减少重复试验，现行《农药登记资料要求》对药效试验进行了适度减免，以下情形可减免部分药效试验资料：

（1）新含量、新剂型、相似制剂农药、未涉及新使用范围和新使用方法的登记类型；相同制剂，使用范围和使用方法不同，但未涉及新使用范围、新使用方法的登记类型，开展1年田间药效试验。

（2）在环境条件相对稳定的场所使用的农药，如储存用、防腐用、保鲜用的农药等，可以提供在我国境内2个省级行政地区、2个试验周期，或4个省级行政地区、1个试验周期药效试验。

（3）生物化学农药、微生物农药、植物源农药，可以提供在我国境内2年4地（杀虫剂、杀菌剂）、2年5地（除草剂、植物生长调节剂），或1年8地

（杀虫剂、杀菌剂）、1 年 10 地（除草剂、植物生长调节剂）药效试验。

（4）化学信息物质类产品，可以提供在我国境内 2 个省级行政地区 2 年，或 4 个省级行政地区 1 年大区试验报告。

（5）扩作登记用于特色小宗作物的农药，可以在 1 年内完成不少于 3 地的田间药效试验。

358. 哪些情形不需要开展田间药效试验？

答：未涉及新使用范围、新使用方法的相同制剂农药登记类型，不需要开展田间药效试验。

359. 不同登记方式的大区药效试验要求是否一致？

答：有可能不一致。例如，新农药制剂一次同时登记两种作物，需分别在两种作物上开展大区药效试验；若先登记一种作物后扩作登记，则不需要开展扩作作物上的大区药效试验。

360. 室内作物安全性、室内生物活性测定、田间药效的试验报告是否有有效期？

答：没有设定药效试验报告有效期。但是对于田间药效试验报告超过 5 年的，原则上应补充 1 年田间药效验证试验报告，试验点数同《农药登记资料要求》中的规定。或提供药剂抗性发生发展的相关数据或资料，说明产品使用剂量和技术的变化情况。

361. 第二年田间药效试验可否换其他试验单位？

答：一般情况下，不建议换其他试验单位。但因特殊原因不能开展第二年田间药效试验，可以选择同一区域内的其他试验单位完成。

362. 哪些特殊情况可以不按照 GEP 要求进行田间药效试验？

答：田间药效试验应由具备资质的农药登记试验单位按照质量管理规范开展试验。现有试验单位无法承担的试验项目，由农业农村部指定的单位承担。如指定的试验单位未建立质量管理体系，可以不按照 GEP 要求开展试验。

363. 新《农药登记资料要求》发布实施前的田间药效试验报告是否可继续用于登记申请？

答：可以，但是对于超过 5 年的田间药效试验报告，原则上应补充 1 年田间药效验证试验报告。或提供药剂抗性发生发展的相关数据或资料，说明产品使用剂量和技术的变化情况。

364. 除草剂新农药防除局部种植作物的草害或局部发生草害的田间药效试验需要 2 年 5 地吗？

答：不需要提供 2 年 5 地的田间药效试验报告。新农药不论杀虫剂、杀菌剂、除草剂或植物生长调节剂，用于局部地区种植的作物或仅限于局部地区发生的病、虫、草害，可提供 2 年 3 地的药效试验报告。

365. 与老的资料要求相比增加了哪些药效资料要求？

答：增加了以下 4 项要求：

（1）效益分析：可替代性分析及效益分析报告、申请登记作物及靶标生物概况。

（2）大区药效试验。

（3）抗性风险评估资料：室内抗性风险试验资料、田间抗性风险监测方法。

（4）综合评估报告（对全部药效资料的摘要性总结）。

366. 什么是室内生物活性测定试验？

答：室内生物活性测定试验是田间药效试验的基础和参考，一般用原（母）药在室内可控条件下，采用相应的测试方法对标准化培养的供试生物进行的毒效测定。

367. 什么情况下需要进行室内生物活性测定试验？

答：根据《农药登记资料要求》，新农药、未过保护期的新农药和涉及新防治对象的单制剂产品需进行室内生物活性测定试验。

368. 什么是配方筛选试验？

答：这是对混配制剂提出的登记要求，用以说明不同有效成分之间组合的关系，以及多个有效成分不同配比之间的关系，也称联合作用。筛选结果可能有 3 种：增效作用、相加作用，或拮抗作用。试验一般用原（母）药在室内可控条件下，采用相应的测试方法对标准化培养的供试生物进行毒效测定，通过运算获得联合作用结果。配方筛选试验还应阐明筛选的目的和意义。

369. 混配制剂原则上不予登记的情形有哪些？

答：有下列情形之一的，原则上不批准登记：

（1）化学农药与植物源农药混配。

（2）杀虫剂与杀菌剂混配，以及仅为扩大防治谱的杀虫剂混配或杀菌剂混配，种子处理剂除外。

（3）除草剂与其他类别药剂混配。

（4）植物生长调节剂与杀虫剂或杀菌剂混配。对植物生长调节剂与杀虫剂或杀菌剂混配的种子处理剂，从严审查。

（5）相同作用机制的药剂混配。

（6）对申请登记的靶标联合作用为拮抗的；农林用杀虫剂不增效的。

370. 室内活性测定及配方筛选试验单位有试验资质要求吗？

答：没有，但试验需依照相应的试验准则进行。我国现行相关试验标准见表4（截至2019年底）。

表4　现行室内活性及配方筛选标准

标准号	标准名称
	农药室内生物测定试验准则：杀虫剂
NY/T 1154.1—2006	触杀活性试验　点滴法
NY/T 1154.2—2006	胃毒活性试验　夹毒叶片法
NY/T 1154.3—2006	熏蒸活性试验　锥形瓶法
NY/T 1154.4—2006	内吸活性试验　连续浸液法
NY/T 1154.5—2006	杀卵活性试验　浸渍法
NY/T 1154.6—2006	杀虫活性试验　浸虫法
NY/T 1154.8—2007	滤纸药膜法
NY/T 1154.9—2008	喷雾法
NY/T 1154.10—2008	人工饲料混药法
NY/T 1154.11—2008	稻茎浸渍法
NY/T 1154.12—2008	叶螨玻片浸渍法
NY/T 1154.13—2008	叶碟喷雾法
NY/T 1154.14—2008	浸叶法
NY/T 1154.15—2009	地下害虫　浸虫法
NY/T 1154.16—2013	对粉虱类害虫活性试验　琼脂保湿浸叶法

（续）

标准号	标准名称
	农药室内生物测定试验准则：杀虫剂
NY/T 1156.1—2006	抑制病原真菌孢子萌发试验　凹玻片法
NY/T 1156.2—2006	抑制病原真菌菌丝生长试验　平皿法
NY/T 1156.3—2006	抑制黄瓜霜霉病菌试验　平皿叶片法
NY/T 1156.4—2006	防治小麦白粉病试验　盆栽法
NY/T 1156.5—2006	抑制水稻纹枯病菌试验　蚕豆叶片法
NY/T 1156.7—2006	防治黄瓜霜霉病试验　盆栽法
NY/T 1156.8—2007	防治水稻稻瘟病试验　盆栽法
NY/T 1156.9—2008	抑制灰霉病菌试验　叶片法
NY/T 1156.10—2008	防治灰霉病试验　盆栽法
NY/T 1156.11—2008	防治瓜类白粉病试验　盆栽法
NY/T 1156.12—2008	防治晚疫病试验　盆栽法
NY/T 1156.13—2008	抑制晚疫病菌试验　叶片法
NY/T 1156.14—2008	防治瓜类炭疽病试验　盆栽法
NY/T 1156.15—2006	防治麦类叶锈病试验　盆栽法
NY/T 1156.16—2008	抑制细菌生长量试验　浑浊度法
NY/T 1156.17—2009	抑制玉米丝黑穗病菌活性试验　浑浊度-酶联板法
NY/T 1156.18—2013	井冈霉素抑制水稻纹枯病菌试验　E培养基法
NY/T 1156.19—2013	抑制水稻稻曲病菌试验　菌丝干重法
	农药室内生物测定试验准则：除草剂
NY/T 1155.1—2006	活性试验　平皿法
NY/T 1155.2—2006	活性测定试验　玉米根长法
NY/T 1155.3—2006	活性测定试验　土壤喷雾法
NY/T 1155.4—2006	活性测定试验　茎叶喷雾法
NY/T 1155.5—2006	水田除草剂土壤活性测定试验　浇灌法
NY/T 1155.9—2008	水田除草剂活性测定试验　茎叶喷雾法
NY/T 1155.10—2011	光合抑制型除草剂活性测定试验　小球藻法
NY/T 1155.11—2011	除草剂对水绵活性测定试验方法
	农药室内生物测定试验准则：植物生长调节剂
NY/T 2061.1—2011	促进/抑制种子萌发试验　浸种法

（续）

标准号	标准名称
农药室内生物测定试验准则：植物生长调节剂	
NY/T 2061.2—2011	促进/抑制植株生长试验 茎叶喷雾法
NY/T 2061.3—2012	促进/抑制生长试验 黄瓜子叶扩张法
NY/T 2061.4—2012	促进/抑制生根试验 黄瓜子叶生根法
农药室内生物测定试验准则：混配制剂	
NY/T 1154.7—2006	杀虫剂混配的联合作用测定
NY/T 1155.7—2006	除草剂混配的联合作用测定
NY/T 1156.6—2006	杀菌剂混配的联合作用测定

371. 作物安全性试验单位需要有试验资质吗？

答：不需要，但试验需依照相应的试验准则进行。我国现行相关试验标准见表5（截至2019年底）。

表5 现行作物安全性相关试验标准

标准号	标准名称
NY/T 1965.1—2010	杀菌剂和杀虫剂对作物安全性评价室内试验方法
NY/T 1965.2—2010	光合抑制型除草剂对作物安全性测定试验方法
NY/T 1965.3—2013	种子处理剂对作物安全性评价室内试验方法
NY/T 1853—2010	除草剂对后茬作物影响试验方法
NY/T 1155.6—2006	除草剂对作物的安全性试验 土壤喷雾法
NY/T 1155.8—2007	除草剂对作物的安全性试验 茎叶喷雾法

372. 什么情况需要开展作物安全性试验？

答：根据《农药登记资料要求》，新农药、未过保护期的新农药及涉及新作物的制剂产品登记，需提供作物安全性试验。生产实际中，考虑到种子处理剂等产品的特殊性，需要提供室内作物安全性试验报告。

373. 作物安全性试验有哪些要求？

答：作物安全性试验有以下要求：

（1）供试药剂为制剂产品；

（2）作物安全性试验需要选择3个以上不同常规品系或品种（如水稻的粳稻、籼稻、糯稻等）。如该作物品种的生物型数量不足3个，则选用3个以上（含3个）不同的主栽品种。特殊情况，对于名贵的观赏作物、珍稀作物或品种较少的作物，可视情况减少作物品种，但应提供相关情况说明。

（3）剂量设置：杀菌剂、杀虫剂作物安全性试验按田间试验高量的1倍、2倍、4倍设置；种子处理剂按高量的1倍、1.5倍、2倍、2.5倍设置；

（4）无法在室内开展试验的，如植物生长调节剂、果树等，作物安全性试验可在田间进行。

374. 除草剂对后茬作物安全性试验在室内还是田间进行?

答：长残效除草剂对后茬作物的安全性试验主要在田间进行，一般需要开展2年5地。

375. 未过保护期的新农药制剂是否需要作物安全性试验?

答：按照《农药登记管理办法》第十七条规定：自新农药登记之日起六年内，其他申请人提交其自己所取得的或者新农药登记证持有人授权同意的数据申请登记，按照新农药登记申请。所以，保护期内的新农药应按“新农药制剂”登记资料要求提供全部资料，需要提交作物安全性试验报告。

376. 农药的安全性主要从哪些方面进行评价?

答：农药的安全性主要评价如下内容：

（1）对当茬作物的安全性　结合室内和田间试验结果，综合评价药剂对当茬作物的安全性。

（2）对邻近作物的安全性　根据药剂的理化性质和制剂的不同，对容易挥发、飘移、淋溶、径流等而造成邻近作物药害的药剂，要明确对药剂敏感的作物，确认安全距离或有效防范措施等。

（3）对后茬作物的安全性　对于长残效除草剂，要明确对药剂敏感的后茬作物种类、安全间隔时间，确认安全使用的注意事项或栽培管理措施等。

（4）对非靶标生物的安全性　重点审查药剂对田间主要捕食性和寄生性天敌的影响，并作出评价。如果申请登记的药剂是用于作物的花期或授粉昆虫活动期，需审查药剂对作物或授粉昆虫是否安全。

377. 什么是田间药效试验?

答：田间药效试验是在自然或一定的人为控制条件下进行的生物测定试验，

是结合生产实际、综合评价药剂使用效果的一种试验方法。一般选用成熟定型的农药样品，经检验合格后，在有试验资质的单位开展田间药效试验。它是对制剂产品提出的要求，以评价产品对靶标生物的效果，确定使用剂量和使用次数等。

378. 选择田间药效试验区域有什么工作原则？

答：选择药效试验区域，原则上按照农业部第2569号公告《农药登记资料要求》附件7“农药登记田间药效试验区域指南”进行。指南未包含的作物、病虫草害及一些特殊药剂，可根据作物种植区域，在全国选择有代表性的地点进行药效试验。对于因病虫草害发生情况、自然灾害等原因，无法按“农药登记田间药效试验区域指南”推荐的区域开展药效试验的，申请人可根据实际情况进行调整，并在申请登记时作出说明。试验区域内尚无资质单位可承担的，或者药剂本身对施用区域有特殊要求的，须由农业农村部指定、批准。

379. 田间药效试验需要向登记试验单位提供哪些材料？

答：①提供试验所在地省级农业部门试验备案信息（备案号）；属于新农药的，还应当提供新农药登记试验批准证书复印件。②提供申请人所在地省级农药检定机构完成封样的试验样品，以及样品的农药名称、含量、剂型、生产日期、储存条件、质量保证期等信息及安全风险防范措施。试验单位应当查验封样完整性、样品信息符合性等。

380. 田间药效试验方案由谁提供？

答：田间药效试验方案应当由企业提供并对方案负责，必要时和试验单位共同商量。

381. 编制药效试验方案需要注意哪些事项？

答：需要重点关注：施药剂量的浓度梯度设置、对照药剂的选择、用药适期、用药次数，以及施药注意事项。

382. 如何设置田间药效试验中对照药剂的施药剂量？

答：对照药剂的施药剂量原则上参照其登记剂量。以增效为目的的混配，混配制剂各有效成分有效用量应不高于对应单剂的登记用量。

383. 田间药效试验的施药次数越多越好吗？

答：不是。施药次数应结合药剂特性和靶标对象特性及发生为害情况确定。

384. 如何开展没有试验准则的田间药效试验？

答：《农药登记试验管理办法》第二十七条规定，农药登记试验应当按照法定农药登记试验技术准则和方法进行。尚无法定技术准则和方法的，由申请人和登记试验单位协商确定，且应当保证试验的科学性和准确性。实际工作中，可以参照相近作物和同一试验对象已有的准则进行，或参照相关文献制订试验方案。

385. 如何选择田间药效试验的对照样品？

答：选择原则有以下几点：

（1）原则上与试验药剂的作用方式相同或相近；

（2）单剂：已登记且在实际使用中防效较好的当地常用产品。

（3）混剂：要求同单剂。混配制剂还应设各有效成分的单剂作为对照药剂。

（4）对照药剂的用药量一般采用登记用药量，特殊情况需要说明混配制剂中各有效成分用量应不高于对应单剂的用量。

386. 各个药效试验点试验方案需要一致吗？

答：原则上多地试验方案要一致，特别是施药剂量、施药方式、施药次数和调查方法。例如，某产品登记试验，有的试验点施药方法为灌根，其他试验点施药方法为喷淋茎基底部，各地试验点施药方法不一致，药效评审时难以给出推荐剂量、施药方式等。

387. 如何确定田间药效试验的兑水量？

答：不同靶标对象的最佳施药时期不同，对应作物的生育期不同，需要的用水量也不同。试验单位可根据药剂特性、作物生育期和种植密度等适当调整喷施药液量。

388. 田间药效试验是否可以采用接种（接虫）的方法？

答：原则上不鼓励采用接种（接虫）方式进行试验，应寻找符合要求的试验田进行药效试验，特殊情况视需要而定。需要采用接种（接虫）方式开展的试验，需在报告中明确说明接种（接虫）原因、菌种（试虫）来源、龄期、接种密度、接种时间等信息。

389. 麦田除草剂药效试验是否3个冬小麦、2个春小麦？

答：是的。小麦田除草剂试验点选择应当符合《农药登记资料要求》附件

7“农药登记田间药效试验区域指南”要求，即在黄淮冬麦区选择1个试验点，在长江中下游、华北、西南冬麦区选择2个试验点，并在春麦区选择2个试验点。

390. 用于非耕地的除草剂需要设人工除草吗?

答：用于非耕地的除草剂田间药效试验一般不需要设人工除草。

391. 用于非耕地的除草剂需要设中量倍量处理吗?

答：用于非耕地的除草剂田间药效试验一般不需要设中量倍量处理。

392. 如何选择除草剂田间药效试验地的杂草种类?

答：试验地杂草须有代表性，杂草群落组成须同待测除草剂的杀草谱相一致，杂草发生密度应满足试验需要，且分布均匀。

393. 除草剂测产计算增产率是与人工除草处理相比还是与空白对照相比?

答：除草剂药剂处理区的产量测定结果一般应与人工除草处理区的进行对比。

394. 除草剂田间药效试验是否考察对每一种杂草的防治效果?

答：除草剂田间药效试验原则上应对试验地各主要杂草的防治效果和总体防治效果分别进行调查，以科学评价试验药剂除草特点及效果。

395. 抗性风险评估资料包括哪些?

答：抗性风险评估资料包括室内抗性风险试验资料和田间抗性风险监测方法。

396. 什么情况需要开展田间抗性风险评估?

答：化学农药的新农药、涉及新防治对象的产品，应提供抗性风险评估资料。杀虫剂、杀菌剂、除草剂分别建立开展抗性风险评估的靶标生物和化合物清单（见表6至表8），实行分类管理。

特殊情况可提出减免抗性资料的说明。

397. 抗性风险评估靶标害虫清单有哪些?

答：见表6。

表6　抗性风险评估靶标害虫清单

作　物	靶标害虫	备　注
小　麦	蚜　虫	选择一种蚜虫完成10代抗性选育
棉　花	蚜　虫	选择一种蚜虫完成10代抗性选育
	叶　螨	选择一种叶螨完成10代抗性选育
	棉铃虫	完成10代抗性选育
水　稻	飞　虱	以褐飞虱为代表完成10代抗性选育
	二化螟	完成10代抗性选育
玉　米	玉米螟	完成10代抗性选育
蔬　菜	蚜　虫	十字花科蔬菜蚜虫以桃蚜为代表完成10代抗性选育；葫芦科等蔬菜蚜虫以瓜蚜为代表完成10代抗性选育；其他蔬菜蚜虫选择桃蚜或瓜蚜完成10代抗性选育
	叶　螨	选择一种叶螨完成10代抗性选育
	蓟　马	选择一种蓟马完成10代抗性选育
	烟粉虱	完成10代抗性选育
	小菜蛾	完成10代抗性选育
北方落叶果树	叶　螨	选择一种叶螨完成10代抗性选育

398. 抗性风险评估靶标病原菌清单有哪些？

答：见表7。

表7　抗性风险评估靶标病原菌清单

作　物	靶标病原菌	备　注
水　稻	水稻恶苗病菌、稻瘟病菌、纹枯病菌、稻曲病菌	粮食作物
麦　类	麦类白粉病菌、赤霉病菌、叶枯病菌、颖枯病菌、茎基腐病菌（镰刀菌）、大麦条纹病菌、网斑病菌	
玉　米	玉米大斑病菌、小斑病菌、灰斑病菌、穗腐病菌（镰刀菌）、茎基腐病菌（镰刀菌）	
马铃薯	马铃薯晚疫病菌（致病疫霉）、早疫病菌、粉腐病菌、炭疽病菌	
油菜、花生、大豆	油菜菌核病菌；花生白绢病菌、叶斑（褐斑、黑斑和黄斑）病菌、根腐病菌（镰刀菌）；大豆疫霉病菌、炭疽病菌、根腐病菌（镰刀菌）	油、糖料作物
甜　菜	甜菜叶斑病（褐斑、黑斑和黄斑）病菌	

（续）

作　物	靶标病原菌	备　注
蔬　菜	多种蔬菜霜霉病菌、灰霉病菌、白粉病菌和炭疽病菌；黄瓜靶斑病菌、瓜类疫病菌；番茄晚疫病菌（致病疫霉）、早疫病菌、叶霉病菌、灰叶斑病菌；辣椒疫霉菌	园艺植物
瓜　类	瓜类霜霉病菌、白粉病菌、炭疽病菌、灰霉病菌和蔓枯病菌、疫病病菌（瓜类疫霉或掘氏疫霉）	
草　莓	草莓灰霉病菌、白粉病菌、炭疽病菌、疫霉果腐病菌（恶疫霉即苹果疫霉）	
苹果、梨、桃	苹果和梨的炭疽病菌、白粉病菌和轮纹病菌；苹果斑点落叶病菌、腐烂病菌、疫腐病菌（恶疫霉即苹果疫霉）；梨黑斑病菌；荔枝霜疫霉菌；桃褐腐病菌	
葡萄、香蕉	葡萄霜霉病菌、灰霉病菌、白粉病菌、炭疽病菌、白腐病菌；香蕉炭疽病菌	
柑　橘	柑橘褐腐病或疫腐病菌（褐腐疫霉或生疫霉）、青绿霉病菌、炭疽病菌、酸腐病菌、柑橘沙皮病（树脂病、黑点病）病菌	
棉　花	棉花炭疽病菌	经济作物
烟　草	烟草黑胫病菌（烟草疫霉）、赤星病菌，炭疽病菌，白粉病菌，靶斑病菌、叶斑病菌	
粮棉油、果树、蔬菜	植物病原细菌	抗生素类药剂提供抗性风险评估资料

说明：列入清单的代表性靶标病原菌为发生范围广、抗性风险较高且可在室内培养的病原菌。

399. 抗性风险评估除草剂清单有哪些?

答：见表8。

表8　抗性风险评估除草剂清单

作用位点	化学物类别	有效成分
乙酰辅酶A羧化酶抑制剂	芳氧苯氧丙酸酯类	噁唑酰草胺、高效氟吡甲禾灵、禾草灵、精吡氟禾草灵、精噁唑禾草灵、精喹禾灵、氰氟草酯、炔草酯
	环己烯酮类	烯草酮、烯禾啶
	苯基吡唑啉类	唑啉草酯

（续）

作用位点	化学物类别	有效成分
乙酰乳酸合成酶抑制剂（乙酰羟酸合成酶抑制剂）	磺酰脲类	苯磺隆、吡嘧磺隆、苄嘧磺隆、啶嘧磺隆、砜嘧磺隆、氟胺磺隆、甲基碘磺隆、甲基二磺隆、氯吡嘧磺隆、醚磺隆、噻吩磺隆、三氟啶磺隆、酰嘧磺隆、烟嘧磺隆、乙氧磺隆
	咪唑啉酮类	甲咪唑烟酸、甲氧咪草烟、咪唑喹啉酸、咪唑烟酸、咪唑乙烟酸
	三唑嘧啶类	啶磺草胺、氯酯磺草胺、双氟磺草胺、双氯磺草胺、五氟磺草胺、唑嘧磺草胺
	嘧啶硫代苯甲酸酯类	环酯草醚、嘧草醚、嘧啶肟草醚、双草醚
	三唑啉酮类	氟唑磺隆
光系统Ⅱ抑制剂	三嗪类	氰草津、莠去津
	三嗪酮类	苯嗪草酮、环嗪酮、嗪草酮
	取代脲类	异丙隆
光合系统Ⅰ电子传递抑制剂	联吡啶类	敌草快
原卟啉原氧化酶抑制剂	二苯醚类	氟磺胺草醚、三氟羧草醚
对羟苯基丙酮酸双氧化酶抑制剂	三酮类	硝磺草酮
	异噁唑酮类	异噁唑草酮
5-烯醇丙酮酰莽草酸-3-磷酸合成酶抑制剂	有机磷类	草甘膦
谷氨酰胺合成酶抑制剂	膦酸类	草铵膦
合成激素类	苯氧羧酸类	2，4-滴丁酸、2，4-滴异辛酯、2甲4氯
	苯甲酸类	麦草畏
	吡啶羧酸类	氨氯吡啶酸、二氯吡啶酸、氟氯吡啶酯、氯氟吡啶酯、氯氟吡氧乙酸、三氯吡氧乙酸
	喹啉羧酸类	二氯喹啉草酮、二氯喹啉酸

400. 哪些特殊情况不需要提供抗性风险评估资料？

答：有以下几种情况：

(1) 杀虫剂可减免抗性风险评估资料的情况

①物理作用方式的杀虫剂、天然有机杀虫剂（如矿物油等）。

②室内难以繁殖饲养、田间难以获得试验需要的种群数量，难以建立敏感基线的害虫。

③危害特征一致的同种或近缘种（指同属不同种且寄生植物可交叉的）害虫，在非特色小宗作物上已登记或已进行过抗性风险评估的。

④其他可以减免的情形，如林木害虫等。

(2) 杀菌剂可减免抗性风险评估资料的情况

①未列入“靶标病原菌清单”的低风险种传、土传靶标菌，或者室内难以培养的病原菌等。

②传统的多作用位点杀菌剂、杀线虫剂、抗病毒药剂、抑制病原菌黑色素生物合成的杀菌剂等。

③防治细菌病害的非抗生素类药剂。

④危害特征一致的同种致病菌，在非特色小宗作物上已登记或已进行过抗性风险评估的。

⑤其他可以减免的情形。

(3) 除草剂可减免抗性风险评估资料的情况

①未列入“除草剂清单”中的药剂。

②在新使用作物上登记，但防除杂草相同或相近的。

③其他可以减免的情形。

(4) 植物生长调节剂可不提供抗性风险评估资料。

(5) 用于特色小宗作物（参照《用药短缺特色小宗作物名录》执行）的农药，一般可不提供抗性风险评估资料。

401. 抗性风险评估资料主要包括哪些内容?

答：主要包括的内容有：

(1) 药剂特性及相关历史资料　药剂所属类别、作用方式、作用机制等；药剂（含同类药剂）使用历史、使用频率、抗性现状、抗性治理措施及其有效性等。

(2) 相对敏感基线　原则上应在中国境内完成。

(3) 靶标抗药性潜在风险分析　通过室内抗性筛选，明确抗药性发生的概率、速度和程度、适合度等。药剂、靶标生物和测定方法相同的情况下，可使用境外完成的抗药性风险分析资料。

(4) 交互抗性资料　对中等、高等抗性风险水平的交互抗性试验一般应筛选抗性种群，测定并分析与生产上实际使用的主要药剂（各主要类别选 1 种常用药剂）之间的交互抗性。也可提供公开发表且符合上述要求的相关研究资料并注明来源。

（5）抗性风险级别及可接受性　根据农药类别及作用机制、靶标生物特性、产生抗性的频率、交互抗性，以及抗性产生可能导致的后果等，分析提出抗性风险级别，评估抗性风险的可接受性。

（6）抗性风险管理措施　对中等、高等抗性风险水平的，应提出抗性风险管理措施。

（7）田间靶标生物抗药性监测方法　对中等、高等抗性风险水平的，应提供田间靶标生物的抗药性监测方法，包括田间采样方法、样本数量、样本保存和运输、敏感性测定方法等。敏感性测定方法应与敏感基线建立方法相同。

402. 如何评估混配制剂的抗性风险？

答：混配制剂的抗性风险评估主要评价单剂，仅以延缓抗性为目的的混剂还应对混剂进行抗性风险评估。

403. 杀虫剂的抗性风险评估资料有哪些？

答：主要包括的内容有：

（1）列入“靶标害虫清单”的，应提供前述“抗性风险评估资料”包含的全部资料。其中靶标生物抗药性的潜在风险分析，一般应包括10代选育试虫的死亡率范围、剂量范围、抗性倍数、现实遗传力、抗性种群适合度等。

（2）未列入“靶标害虫清单”，且不属于可减免抗性风险评估资料的情况，应提供前述“抗性风险评估资料”包含的资料，其中靶标抗药性潜在风险分析可减免，交互抗性试验采用田间种群开展，具体要求如下：

①相对敏感基线应由实验室饲养的敏感种群建立。

②对于不能在室内常年饲养的害虫，相对敏感基线的测定要求是：从3～10个用药水平相对较低的地区采集相对敏感种群，分别进行毒力测定，选择致死中量（LC_{50}、LD_{50}）值相对低、斜率（b值）相对大的毒力回归线为相对敏感基线。

③交互抗性（田间种群）试验：从3～5个用药水平高的害虫发生代表性地区采集田间种群，选择实际生产中防治靶标害虫的主要药剂（按作用机制，各主要类别选一种常用药剂及待评价药剂）分别进行毒力测定，以建立的相对敏感基线为对照，结合相关区域用药历史，分析说明交互抗性情况。

404. 杀菌剂的抗性风险评估资料有哪些？

答：列入“靶标病原菌清单”的，以及抗性风险较高的，新发生病害的病原菌，应提供前述“抗性风险评估资料”包含的全部资料。其中靶标病原菌抗药性的潜在风险分析，一般应包括抗药性突变体筛选、抗性突变频率、抗性倍数、抗性菌株适合度等。

405. 除草剂的抗性风险评估资料有哪些？

答：主要包括的内容有：

（1）下列情况应提供前述“抗性风险评估资料”包含的全部资料，其中靶标生物抗药性的潜在风险分析资料一般不需要提供；国内无抗性杂草试材的，可减免交互抗性试验。

①属于“除草剂清单”上所列除草剂类别的新农药。

②列入“除草剂清单”的相关产品申请新使用范围登记。

③新型除草剂品种。

（2）供试杂草的选择　原则上选择拟登记作物田 6 种以上（杀草谱单一的选择 2 种以上）主要杂草建立相对敏感基线；选择 1～2 种杂草开展交互抗性试验。一般应优先选择对同类药剂有抗性报道或各地常见抗性杂草作为供试杂草。

406. 不同亚种或小种的病原菌是否需要进行抗性风险评估？

答：原则上不需要。可以参照已发布实施的《农药抗性风险评估》（NY/T 1859）农业行业系列标准提供的方法开展试验。

407. 如何确定抗性风险评估试验中的田间相对敏感种群？

答：田间相对敏感种群有几种来源：

（1）从未使用过任何药剂的地区或田块中采集；

（2）未使用过试验药剂及与试验药剂作用机制相同药剂的田块中采集。

408. 目前风险评估报告是否有模板格式？

答：抗性风险评估报告没有固定模板，相关试验可参照已发布实施的《农药抗性风险评估》（NY/T 1859）系列标准开展。

409. 如何开展没有试验准则的抗性风险评估试验？

答：尚未制定标准的，试验委托人与承担单位可协商制定试验方案。

410. 哪些单位可以承担抗性风险评估试验？

答：目前抗性风险评估试验尚未纳入农药登记试验单位资质考核与管理，

任何技术条件满足要求的单位均可承担抗性风险试验。建议选择长期从事抗性风险研究工作，有相当的工作基础，有试虫饲养、菌种和杂草保藏能力基础的试验单位。

411. 室内抗性风险试验资料是否可以使用境外试验数据？

答：药剂、靶标生物种类和测定方法相同的情况下，抗性风险水平分析可使用国外的评估结果。

412. 什么是效益分析报告？

答：效益分析报告包含申请作物及靶标生物情况、可替代性分析等。应当在效益分析报告中说明申请作物的种植面积、经济价值及其在全国范围内的分布情况；靶标生物的分布情况、发生规律、危害方式、造成的经济损失；申请登记产品的用途、使用方法，与当前农业生产实际的适应性；申请登记产品的使用成本、预期可挽回的经济损失，以及对种植者收益的影响；与现有登记产品或者生产中常用药剂的比较分析；对现有登记产品抗性治理的作用，能否替代较高风险农药等。

413. 哪些登记类型不需要提交效益分析报告？

答：以下登记类别不需要提交效益分析报告：扩大使用范围、改变使用方法、变更使用剂量登记不需要提供效益分析报告，但扩大使用范围在特色小宗作物登记时需要提供。

414. 大区药效试验对对照区域面积有何要求？

答：大区药效试验对照药剂处理区面积与试验药剂处理区面积一致，具体参照《农药登记用田间大区药效试验准则》中有关要求进行。

415. 如何确定新农药大区药效试验的剂量？

答：试验药剂至少设置 2 个剂量，具体参照《农药登记用田间大区药效试验准则》进行。

416. 大区药效试验审查的重点是什么？

答：重点审查新农药制剂在小区试验推荐剂量范围内，在不同地区、较大面积使用条件下，对靶标生物的防效、对试验作物的安全性以及对邻近作物、天敌的影响等。大区试验结果与小区试验结果差异较大的，应作出说明，必要时提供相关资料。

417. 什么情况需要开展大区药效试验？

答：根据《农药登记资料要求》有关规定，首次登记的新农药及未过保护期的新农药需要提交大区药效试验资料，即提供我国境内 2 个省级行政地区、1 年大区药效试验报告。大区药效试验由认定的资质单位按照《农药登记用田间大区药效试验准则》进行试验并出具报告，对在环境条件相对稳定的场所使用的农药可不提供大区药效试验报告。

418. 大区药效试验单位需要有试验资质吗？

答：需要，必须在有相应药效资质的单位进行。同时，按照《农药登记管理办法》第十六条规定，应当在中国境内完成。

419. 如何开展新农药的大区药效试验？

答：参照《农药登记用田间大区药效试验准则》进行。

420. 卫生用农药的药效试验有什么要求？

答：参见《农药登记资料要求》第七章和附件 3“卫生用农药制剂登记资料要求和相关释义”。

421. 卫生用农药的药效试验方法有哪些？

答：试验应按照卫生用农药相关试验方法和标准进行。我国现行相关试验标准见表 9（截至 2019 年底）。

表 9　卫生用农药登记药效试验方法

卫生用农药	试验方法	标准号
农药登记用卫生杀虫剂室内药效试验及评价（国标）	第 1 部分：喷射剂	GB/T 13917.1—2009
	第 2 部分：气雾剂	GB/T 13917.2—2009
	第 3 部分：烟剂及烟片	GB/T 13917.3—2009
	第 4 部分：蚊香	GB/T 13917.4—2009
	第 5 部分：电热蚊香液	GB/T 13917.5—2009
	第 6 部分：电热蚊香片	GB/T 13917.6—2009
	第 7 部分：饵剂	GB/T 13917.7—2009
	第 8 部分：粉剂、笔剂	GB/T 13917.8—2009
	第 9 部分：驱避剂	GB/T 13917.9—2009
	第 10 部分：模拟现场	GB/T 13917.10—2009

（续）

卫生用农药	试验方法	标准号
农药登记用卫生杀虫剂室内药效试验及评价（农业行业标准）	第1部分：防蛀剂	NY/T 1151.1—2015
	第2部分：灭螨和驱螨剂	NY/T 1151.2—2006
	第3部分：蝇香	NY/T 1151.3—2010
	第4部分：蝇香	NY/T 1151.4—2012
	第5部分：蚊幼防治剂	NY/T 1151.5—2014
农药登记用杀鼠剂	防治家栖鼠类药效试验方法及评价	NY/T 1152—2006
农药登记用白蚁防治剂药效试验方法及评价	第1部分：农药对白蚁的毒力与实验室药效	NY/T 1153.1—2013
	第2部分：农药对白蚁毒效传递的室内测定	NY/T 1153.2—2013
	第3部分：农药土壤处理预防白蚁	NY/T 1153.3—2013
	第4部分：农药木材处理预防白蚁	NY/T 1153.4—2013
	第5部分：饵剂防治白蚁	NY/T 1153.5—2013
	第6部分：农药滞留喷洒防治白蚁	NY/T 1153.6—2013
	第7部分：农药喷粉处理防治白蚁	NY/T 1153.7—2013

422. 卫生用新农药（外环境使用制剂）需要提供1年2地的示范试验报告吗？

答：不需要

423. 卫生杀虫剂需要开展的药效试验项目有哪些？

答：卫生杀虫剂需要开展的药效试验项目有室内生物活性试验、室内药效测定试验、模拟现场试验和现场试验。根据卫生杀虫剂产品剂型和使用方式及范围，需要开展的具体试验项目见表10（截至2019年底）。

表10　卫生用农药药效试验审查项目

使用方式或范围	剂型	参照标准	药效试验项目		
			室内	模拟现场	现场试验
喷雾	气雾剂	气雾剂	√	√	—
点燃或加水发烟	蚊香	蚊香	√	√	—
	烟剂	烟剂及烟片	√	√	—
	烟雾剂	烟剂及烟片	√	√	—
电热加温	电热蚊香片	电热蚊香片	√	√	—
	电热蚊香液	电热蚊香液	√	√	—

（续）

使用方式或范围	剂型	参照标准	药效试验项目		
			室内	模拟现场	现场试验
投放饵料	饵剂	饵剂	√	√	—
	浓饵剂	饵剂	√	√	—
涂抹	笔剂	粉剂、笔剂	√	—	—
撒施	粉剂	粉剂、笔剂	√	—	—
涂抹驱避	驱蚊花露水	驱避剂	√	—	—
	驱蚊乳	驱避剂	√	—	—
	驱蚊液	驱避剂	√	—	—
	驱蚊巾	驱避剂	√	—	—
防蛀	防蛀片剂	防蛀剂	√	—	—
	防蛀球剂	防蛀剂	√	—	—
	防蛀液剂	防蛀剂	√	—	—
	细粒剂	防蛀剂	√	—	—
空间驱避	防蚊网	驱蚊帐	√	√	—
	防虫罩	驱蚊帐	√	√	
	长效防蚊罩	驱蚊帐	√	√	
防孑孓	大粒剂	—	√		√
	颗粒剂	—	√	√	√
超低容量喷雾	超低容量液剂	—	—	√	√（外环境使用）
热雾机喷雾	热雾剂	—	—	√	√（外环境使用）
稀释后喷雾或滞留喷洒（根据企业申请决定）	可溶片剂	喷射剂-喷雾/滞留喷洒	√	√（喷雾）	—
	水分散粒剂	喷射剂-喷雾/滞留喷洒	√	√（喷雾）	—
	水分散片剂	喷射剂-喷雾/滞留喷洒	√	√（喷雾）	—
	乳油	喷射剂-喷雾/滞留喷洒	√	√（喷雾）	—
	微乳剂	喷射剂-喷雾/滞留喷洒	√	√（喷雾）	—
稀释后喷雾	可溶液剂	喷射剂-喷雾	√	√	—
	水乳剂	喷射剂-喷雾	√	√	—
稀释后滞留喷洒	微囊悬浮剂	喷射剂-滞留喷洒	√	—	—
	可湿性粉剂	喷射剂-滞留喷洒	√	—	—
	悬浮剂	喷射剂-滞留喷洒	√	—	—
	悬乳剂	喷射剂-滞留喷洒	√	—	—

（续）

使用方式或范围	剂型	参照标准	药效试验项目		
			室内	模拟现场	现场试验
室外蚊蝇		—	√	—	√
杀钉螺剂		NY/T 1617—2008	√	—	√
白蚁防治剂		NY/T 1153 系列标准	√	—	√
储粮害虫		GB/T 17980.54	√	—	√
红火蚁		GB/T 17980.149	—	—	√

说明：
“√”表示需进行该项目试验；
“—”表示不需要进行该项目试验；
“√（喷雾）”表示仅在喷雾使用时需进行该项目试验；
“√（外环境使用）”表示仅在外环境使用时需进行该项目试验。

424. 红火蚁和白蚁都是卫生害虫吗？

答：白蚁是卫生害虫。红火蚁是植物检疫对象，根据其危害性，其药效登记资料参照卫生害虫资料要求管理，只提供1年2地田间药效试验。

425. 某些田间药效试验单位不愿意承担特色小宗作物田间药效试验，这种情况该怎么办？

答：《农药登记试验管理办法》第三十四条规定，现有农药登记试验单位无法承担的试验项目，由农业部指定的单位承担。

426. 何时出台特色小宗作物名录、药效和残留群组名录？

答：2019年已发布，见农业农村部办公厅文件《农业农村部办公厅关于印发〈用药短缺特色小宗作物名录〉〈特色小宗作物农药登记药效试验群组名录〉和〈特色小宗作物农药登记残留试验群组名录〉的通知》（农办农〔2019〕10号）。

第五部分：毒 理 学

427. 农药登记毒理学试验项目包括哪些？

答：包括急性经口毒性试验、急性经皮毒性试验、急性吸入毒性试验、眼睛刺激性试验、皮肤刺激性试验、皮肤致敏性试验、急性神经毒性试验、迟发性神经毒性试验、亚慢性经口毒性试验、亚慢（急）性经皮毒性试验、亚慢（急）性吸入毒性试验、致突变性试验、生殖毒性试验、致畸性试验、慢性毒性和致癌性试验、代谢和毒物动力学试验、内分泌干扰作用试验等。

428. 农药产品毒性分级标准如何规定？

答：农药毒性分级主要以农药产品的急性毒性试验结果为依据。毒性分级依据急性毒性（经口半数致死量、经皮半数致死量、吸入半数致死浓度）来划分，取其中最高级别作为产品毒性级别。其分级标准如下。

毒性分级	经口半数致死量（毫克/千克）	经皮半数致死量（毫克/千克）	吸入半数致死浓度（毫克/米^3）
剧毒	≤5	≤20	≤20
高毒	>5～50	>20～200	>20～200
中等毒	>50～500	>200～2 000	>200～2 000
低毒	>500～5 000	>2 000～5 000	>2 000～5 000
微毒	>5 000	>5 000	>5 000

429. 化学农药原药与植物源农药母药（原药）毒理学资料要求是否有区别？

答：根据《农药登记资料要求》，化学农药原药和植物源农药母药（原药）的毒理学资料要求是相同的。具体要求如下：急性毒性试验资料（急性经口毒性试验资料、急性经皮毒性试验资料、急性吸入毒性试验资料、眼睛刺激性试验资料、皮肤刺激性试验资料、皮肤致敏性试验资料）、急性神经毒性试验资料、迟发性神经毒性试验资料、亚慢性经口毒性试验资料、亚慢（急）性经皮毒性试验资料、亚慢（急）性吸入毒性试验资料、致突变性试验资料、生殖毒性试验资料、致畸性试验资料、慢性毒性和致癌性试验资料、代谢和毒物动力学试验资料、内分泌干扰作用试验资料、人群接触情况调查资料、相关杂质和主要代谢/降解物毒性资料、每日允许摄入量（ADI）和急性参考剂量（ARfD）资料，以及中毒症状、急救及治疗措施资料。登记申请者可对照《农药登记资料要求》附件1.“农药原药（母药）登记资料要求释义与明细表”中相关登记种类提交毒理学资料。

430. 什么情况下植物源农药母药（原药）登记不需要提供生殖毒性等有关毒理学试验资料?

答：国家主管部门已批准作为食品添加剂、保健食品、药品成分登记使用的，在提供有关部门批准证明和试验文献资料并经评审，符合农药安全要求的前提下，可不提供生殖毒性、致畸性、慢性和致癌性、代谢和毒物动力学及内分泌干扰作用等试验资料。

431. 生物化学农药原药（母药）的毒理学资料包括哪些内容?

答：生物化学原药（母药）的毒理学资料包括：急性经口毒性试验资料、急性经皮毒性试验资料、急性吸入毒性试验资料、眼睛刺激性试验资料、皮肤刺激性试验资料、皮肤致敏性试验资料、亚慢性经口毒性试验资料（90天经口毒性试验）、致突变性试验资料、补充毒理学试验资料（如基本毒理学试验发现有毒理学意义，则应当提供）、人群接触情况调查资料、相关杂质和主要代谢/降解物毒性资料、每日允许摄入量（ADI）和急性参考剂量（ARfD）资料，以及中毒症状、急救及治疗措施资料。

432. 微生物农药母药的毒理学资料包括哪些内容?

答：微生物农药母药的毒理学资料包括：有效成分不是人或其他哺乳动物的已知病原体的证明资料、基本毒理学资料（急性经口毒性试验资料、急性经皮毒性试验资料、急性吸入毒性试验资料、眼睛刺激性/感染性试验资料、致敏性试验资料、有关接触人员的致敏性病例情况调查资料和境内外相关致敏性病例报道、急性经口致病性试验资料、急性经呼吸道致病性试验资料、急性注射致病性试验资料、细胞培养试验资料）、补充毒理学试验资料、人群接触情况调查资料，以及中毒症状、急救及治疗措施资料。

433. 微生物农药毒理学资料对“有效成分不是人或其他哺乳动物的已知病原体的证明”有什么具体要求？

答：该证明可由医学微生物等领域权威专家或企业自行提供，并附相关佐证材料。

434. 生物化学农药原药（母药）和微生物农药母药资料要求中的补充毒理学资料有哪些要求？

答：(1) 对于生物化学原药（母药），如基本毒理学试验发现有毒理学意义，则应当补充急性神经毒性、28 天经皮毒性、28 天吸入毒性、生殖毒性、致畸性、慢性毒性和致癌性、代谢和毒物动力学及内分泌干扰作用等试验资料。

(2) 对于微生物农药母药，如果发现微生物农药产生毒素，出现明显的感染症状或者持久存在等迹象，可以视情况补充急性神经毒性、亚慢性毒性、致突变性、生殖毒性、慢性毒性、致癌性、内分泌干扰作用、免疫缺陷、灵长类动物致病性等试验资料。

435. 毒理学亚慢（急）性毒性资料包括哪些内容？

答：亚慢性经口毒性试验资料是指 90 天经口毒性试验资料；亚慢（急）性经皮毒性试验资料是指 90 天或 28 天经皮毒性试验资料；亚慢（急）性吸入毒性试验资料是指 90 天或 28 天吸入毒性试验资料。

436. 毒理学致突变性试验资料包括哪些内容？

答：致突变组合试验包括：鼠伤寒沙门氏菌/回复突变试验、体外哺乳动物细胞基因突变试验、体外哺乳动物细胞染色体畸变试验、体内哺乳动物骨髓细胞微核试验等四项试验。如前三项试验任何一项出现阳性结果，最后一项为阴性，则应当增加另一项体内试验（如体内哺乳动物细胞 UDS 试验等）；如前三项试验均为阴性结果，而最后一项为阳性，则应当增加体内哺乳动物生殖细胞染色体畸变试验或显性致死试验。

437. 农药制剂毒理学资料包括哪些内容？

答：主要包括：急性经口毒性试验资料、急性经皮毒性试验资料、急性吸入毒性试验资料、眼睛刺激性试验资料、皮肤刺激性试验资料、皮肤致敏性试验资料、健康风险评估需要的高级阶段试验资料（经初级健康风险评估表明对人体的健康风险不可接受时，可提供）、健康风险评估报告。

438. 用于常规喷雾使用的制剂是否需要提供急性吸入毒性试验资料?

答：应根据制剂产品特性和施用方式等实际情况判断。目前，对常规喷雾使用的制剂不要求提供急性吸入毒性试验报告资料。但符合下列条件之一的产品，应当提供急性吸入毒性试验资料：

（1）气体或者液化气体；

（2）发烟制剂或者熏蒸制剂；

（3）用雾化设备施药的制剂；

（4）蒸汽释放制剂；

（5）气雾剂；

（6）含有直径<50 微米的粒子占相当大比例（按重量计>1%）的制剂；

（7）用飞机施药可能产生吸入接触的制剂；

（8）含有的活性成分的蒸汽压>1×10^{-2}帕，并且可能用于仓库或者温室等密闭空间的制剂；

（9）根据使用方式，能产生直径<50 微米的粒子或小滴占相当大比例（按重量计>1%）的制剂。

439. 卫生用农药制剂与大田用农药制剂登记的毒理学资料是否相同?

答：不相同。卫生用农药制剂和大田用农药制剂的登记资料，应分别按照《农药登记资料要求》附件 3“卫生用农药制剂登记资料要求释义与明细表”和附件 2“农药制剂登记资料要求释义与明细表”的要求准备毒理学资料。

440. 不同剂型的卫生用农药制剂急性毒理学试验资料分别有哪些要求?

答：卫生用农药制剂根据剂型不同，有相应的急性毒理学试验资料要求，具体要求如下：

（1）蚊香、电热蚊香片：急性吸入毒性试验资料；

（2）气雾剂：急性吸入毒性、眼睛刺激性、皮肤刺激性试验资料；

（3）电热蚊香液：急性经口毒性、急性经皮毒性、急性吸入毒性试验资料；

（4）驱避剂：急性经口毒性、急性经皮毒性、急性吸入毒性、眼睛刺激性、多次皮肤刺激性和致敏性试验资料。

（5）其他剂型：急性经口毒性、急性经皮毒性、急性吸入毒性、眼睛刺激性、皮肤刺激性和致敏性试验资料。

产品因剂型和有效成分的特殊情况，可以增加或减免相应试验项目。

441. 卫生用农药制剂在什么情况下需提交急性吸入毒性试验资料？

答：符合下列条件之一的产品应提供急性吸入毒性试验资料：

（1）气体或者液化气体；

（2）发烟制剂或者熏蒸制剂；

（3）用雾化设备施药的制剂；

（4）蒸汽释放制剂；

（5）气雾剂；

（6）含有直径<50 微米的粒子占相当大比例（按重量计>1%）的制剂；

（7）用飞机施药可能产生吸入接触的制剂；

（8）含有的活性成分的蒸汽压>1×10^{-2}帕，并且可能用于仓库或者温室等密闭空间的制剂；

（9）根据使用方式，能产生直径<50 微米的粒子或小滴占相当大比例（按重量计>1%）的制剂。

442. 高含量剂型的急性毒性资料可否作为低含量制剂资料申请登记？

答：不能。高含量制剂与低含量制剂的产品组成不一致，加工剂型也可能不一致，产品的毒性级别也可能存在显著差异性。应依据《农药登记资料要求》提交完整的毒理学资料。

443. 国内已有毒理学试验导则，参考 OECD、EPA 的资料认可吗？

答：在符合试验资料互认政策的前提下，对于在国外开展的，按照 OECD、EPA 等相关导则完成的农药毒理学试验，经过登记审查认为能够满足我国农药毒理学评价技术要求的，可以接受。

444. 急性毒性试验出现雌、雄性动物的毒性级别不一致时，怎样判定毒性级别？

答：根据急性毒性试验结果，分别评价雌、雄性动物的毒性分级。当雌、雄性动物的毒性级别不一致时，按毒性级别高的给出该项试验的农药产品毒性分级。

445. 急性吸入毒性试验中样品浓度达到技术上最大浓度时，仍无动物死亡，毒性级别如何判定？

答：根据农药登记资料评审原则，如果急性吸入毒性试验中，试验样品浓度达到技术上的最大浓度时，仍无动物死亡，则该试验结果不宜作为判定产品毒性级别的主要依据。

446. 卫生用农药制剂皮肤致敏性试验强度为“轻度以上”，是否能通过审查？

答：根据卫生用农药制剂产品的使用方式区别对待。直接用于皮肤的卫生用农药制剂，皮肤致敏性试验致敏强度为“轻度以上”的，不能通过审查。其他卫生用农药制剂，致敏强度为“强度以上”的，不能通过审查。

447. 制剂产品毒理学试验出现对皮肤中度以上刺激性或腐蚀性，能通过登记评审吗？

答：直接用于皮肤的卫生用农药制剂，对皮肤产生“中度以上”刺激性或腐蚀性的，不能通过审查。

其他类别的制剂，对皮肤有腐蚀性的，不能通过审查，但原药对皮肤有腐蚀性时，可综合考虑农药特性及实际使用等情况，由农药登记评审委员会审议确定。

448. 化学农药原药（母药）致突变性试验有阳性结果，是否能通过审查？

答：根据农药登记资料评审要求，致突变性试验包括鼠伤寒沙门氏菌/回复突变试验、体外哺乳动物细胞基因突变试验、体外哺乳动物细胞染色体畸变试验和体内哺乳动物骨髓细胞微核试验。

评审是否能通过要结合具体试验结果。应分别对各项试验数据进行统计分析和评价，判断试验结果为阴性或阳性。当前三项有一项为阳性、第四项为阴性时，应增加一项体内试验，如体内哺乳动物肝细胞程序外 DNA 合成（UDS）试验等；如果前三项均为阴性，而第四项为阳性，应增加体内哺乳动物生殖细胞染色体畸变试验或显性致死试验。

如致突变试验出现了两项（含）以上的阳性结果，不能通过审查。

449. 化学农药原药（母药）毒理学资料中的相关杂质指什么？

答：《农药登记资料要求》中对于新化学农药原药（母药）或非相同原药（母药）需提交相关杂质和主要代谢/降解物毒性资料。其相关杂质是指与农药有效成分相比，农药在生产和储存过程中所含有或产生的对人类和环境具有明显毒害，对使用作物产生药害、引起农产品污染、影响农药产品质量稳定性或引起其他不良影响的杂质。

450. 毒理学资料中的“化学农药的主要代谢/降解物”指什么？

答：主要代谢物/降解物是指农药使用后，在作物中、动物体内、环境

（土壤、水和沉积物）中的摩尔分数或放射性强度比例大于10%的代谢物/降解物。

451. 申请相同原药登记，毒理学试验需要做鼠伤寒沙门氏菌/致突变试验吗？

答：需要做。根据《农药登记资料要求》，相同原药认定按两个阶段进行：第一阶段为产品化学资料认定，第二阶段为毒理学资料和环境影响资料认定。在第一阶段认定中主要比较有效成分、相关杂质和其他主要项目控制指标，以及鼠伤寒沙门氏菌/回复突变试验结果等。在第一阶段认定中评价鼠伤寒沙门氏菌/回复突变试验结果，可帮助判断申请认定产品和对照产品杂质情况，因此需提交鼠伤寒沙门氏菌/回复突变试验资料。

452. 熏蒸剂产品登记是否需要开展特定的毒理学试验？

答：熏蒸剂的原药和制剂应分别申请登记，按相应登记资料要求提交登记资料。对于原药和制剂含量及组成完全相同的，相同的毒理学试验项目可以仅进行一次试验，不需要重复试验，但应在提交的登记资料中加以说明，提供相关佐证材料。

453. 限量试验的结果是否可以作为急性毒性终点数据使用？

答：根据农药登记毒理学试验有关标准要求设计的限量试验，其结果可以作为终点数据使用。

454. 农药登记为什么要开展健康风险评估？

答：健康风险评估是新修订的《农药登记资料要求》中增加的一项资料要求，增加该要求的目的是适应农药管理形势发展需求，提高农药科学管理水平，为农药风险管理提供技术支撑，为农药安全使用提供科学指导，保护相关接触人员的健康和安全。

455. 原药登记需开展健康风险评估吗？

答：根据《农药登记资料要求》规定，农药原药（母药）登记不需要进行健康风险评估。

456. 健康风险评估包括哪几类？

答：健康风险评估主要包括施药者健康风险评估和居民健康风险评估两类。

457. 不同类别的农药，施药者健康风险评估有哪些要求?

答：化学农药制剂需提供施药者健康风险评估报告。生物化学、微生物、植物源农药制剂需根据其相应的原药（母药）毒理学资料提交情况提供施药者健康风险评估报告或相关减免说明。

458. 什么情况下需要开展居民健康风险评估?

答：家用卫生杀虫剂制剂应进行居民健康风险评估。但是，卫生用生物化学、微生物、植物源农药制剂的健康风险评估需根据其相应的原药（母药）毒理学资料决定是否进行。

459. 怎样判定健康风险是否可接受?

答：依据《农药施用人员健康风险评估指南》《卫生杀虫剂健康风险评估指南》等推荐方法及评价标准来判定健康风险是否可接受。当风险系数 RQ≤1.0 时，风险可接受；当 RQ＞1.0 时，风险不可接受。RQ 值的修约方法按《数值修约规则与极限数值的表示和判定》执行。

460. 健康风险评估报告出具单位有没有特别规定?

答：现行《农药登记资料要求》对制剂产品登记提出了健康风险评估报告的要求，该报告不属于登记试验资料，对于出具报告的主体没有限定，企业或企业委托的相关单位和人员，均可按照《农药施用人员健康风险评估指南》(NY/T 3153—2017)、《卫生杀虫剂健康风险评估指南》（NY/T 3154—2017）等对产品的健康风险进行评估并撰写报告。

461. 植物源农药原药（母药）毒性数据信息不全，如何开展风险评估?

答：如果植物源农药原药（母药）毒性数据来源信息不全，可引用所用原药或母药的毒理学数据摘要信息和关键终点数据，依据相关健康风险评估指南的要求进行全面的评估。

462. 健康风险评估报告内容可以引用查询数据吗?

答：根据登记资料评审原则要求，对于开展健康风险评估的相关资料，原则上应该采用制剂和加工制剂所用原药的相关数据开展评估，如果因特殊原因缺失某些数据，可提供有关查询数据并说明原因，经评估认为合理可行的可予以接受。

463. 毒理学健康风险评估中高级阶段试验资料的条件是什么？

答：健康风险评估的高级阶段需要提供的资料应根据产品特点进行个案分析。当初级风险评估表明农药对人体的健康风险不可接受时，可提供相应的高级阶段试验资料。例如卫生用农药制剂经初级健康风险评估表明农药对人体的健康风险不可接受时，可提供相应的高级阶段试验资料。家用卫生杀虫剂提交的高级阶段试验资料包括但不局限于居民暴露量模拟试验；环境用卫生杀虫剂提交的高级阶段试验资料包括但不局限于施药者暴露量试验。

464. 健康风险评估中高级阶段试验资料由谁来出具？

答：健康风险评估高级阶段试验中涉及的暴露量测试，应由具备相应试验资质的单位完成。

465. 对不同类型杀鼠剂的健康风险评估报告有何要求？

答：化学杀鼠剂要提交健康风险评估报告。生物化学杀鼠剂原药、微生物杀鼠剂母药如果要求提交补充毒理学资料，植物源杀鼠剂原药如果要求提交全套毒理学资料，相关杀鼠剂才需提交健康风险评估报告。

466. 登记变更在什么情况下不需要开展健康风险评估？

答：根据《农药登记资料要求》，需要根据农药的种类、登记范围等确定。例如生物化学农药、微生物农药、植物源农药的原药或母药登记时，没有要求提交除基础毒理学资料以外的其他毒理学资料的，可减免健康风险评估资料；用于特色小宗作物登记的，不需要提交健康风险评估资料。

467. 没有风险评估模型的农药制剂如何开展健康风险评估？

答：风险评估技术建立是一项长期和持续性工作。在我国发布相关指南或模型之前，可参考 WHO 或发达国家的相关方法，在分析比较并采用合适参数等的基础上，完成健康风险评估报告并提交资料。

468. 健康风险评估未通过，高级阶段风险评估需要进一步做哪些工作？

答：根据《农药登记资料要求》毒理学资料要求，初级风险评估表明对人体的健康风险不可接受时，可提供相应的高级阶段试验资料。健康风险评估一般是分级进行的，因为时间和成本原因，目前我国已经发布的相关数据和模型主要针对初级风险评估。如果初级风险评估不能通过的，申请者可权衡是否开展高级阶段的风险评估。高级阶段的风险评估可通过优化毒理学数据，精确评估暴露量，进行更符合实际的风险评估，以进一步明确风险。

469. 施药者健康风险评估可以用其他国家的模型吗?

答：我国建立的施药人员健康风险评估技术体系和相关模型是以我国农药使用方式、施药器械、农民施药习惯、农作物特点、环境条件等为基础开发的，体现了我国现阶段的国情。在我国申请农药登记，提交施药人员健康风险评估资料时，应基于我国的技术规范和基础数据。对我国尚未建立健康风险评估指南或模型的情形，可参考其他国家相关方法或模型，在分析比较并采用合适参数的基础上，开展健康风险评估。

470. 家用和环境用卫生杀虫剂健康风险评估报告有哪些具体要求?

答：根据《农药登记资料要求》，家用卫生杀虫剂提交居民健康风险评估报告，环境用卫生杀虫剂提交施药者健康风险评估报告。农药登记申请人应明确登记产品的使用方式及场所。家用卫生杀虫剂是不需要做稀释等处理、在居室直接使用的卫生用农药，例如气雾剂、蚊香、驱避剂等，此类卫生用农药应提供居民健康风险评估报告。而环境用卫生杀虫剂是经稀释等处理、在室内外环境中使用的卫生用农药，例如某些兑水稀释后采用常量喷雾或滞留喷洒的方法施用的卫生杀虫剂，此类卫生用农药应提供施药者健康风险评估报告。

471. 尚未发布健康风险评估方法或模型的卫生杀虫剂是否可使用其他国家或组织发布的模型?

答：目前，我国已经发布了蚊香类产品（蚊香、电热蚊香液、电热蚊香片）、气雾剂和驱避剂等卫生杀虫剂居民健康风险评估指南农业行业标准（NY/T 3154—2017）。对于迄今我国尚未发布相关健康风险评估指南的卫生杀虫剂类型，如悬浮剂等，登记申请者可参考 WHO 或欧美等发达国家的相关产品的健康风险评估方法和模型开展健康风险评估。申请者应根据产品自身的剂型、使用方式等，说明参考模型和方法的理由和依据，经评审认为合理可行的可以接受。

472. 气雾剂产品选用亚急性毒性试验数据时，如何选择 UF 值?

答：依据卫生杀虫剂健康风险评估指南要求，对于气雾剂产品，亚急性毒性试验周期可匹配其暴露期限，UF＝100 可满足计算居民允许暴露量需求。

473. 缺少亚急性或亚慢性经口、经皮、吸入数据时，如何选择效应终点值?

答：在进行农药健康风险评估时，如缺少亚急性或亚慢性经口、经皮、吸入试验数据时，可选择繁殖毒性试验、慢性毒性试验等数据进行替代。

474. 减免原药登记的微生物农药制剂需要进行健康风险评估吗？

答：根据《农药登记资料要求》和资料评审原则要求，对于微生物农药制剂是否要求提交健康风险评估报告，应依据用于加工该制剂的母药登记时提交的毒理学资料情况，如微生物农药母药登记时除提交了基本毒理学试验资料，还被要求提交补充毒理学资料，一般其制剂应提供健康风险评估报告；如微生物农药母药没有被要求提交补充毒理学试验资料，则其制剂不需要提供健康风险评估报告。减免母药登记的微生物农药，一般仍要求用相关制剂开展母药登记所需的毒理学试验项目，因此，应依据相关制剂完成的母药毒理学试验情况并结合有关原则来判断。

475. 密闭环境使用的农药，是否需要提交施药者健康风险评估报告？

答：对于在大棚、仓储等密闭环境使用的农药，如施用环节和过程中有人员接触可能，则不能减免施药者健康风险评估报告。

476. 雄性与雌性大鼠亚慢性毒性数据评估风险不一致时，怎样选择数据进行评估？

答：依据相关健康风险评估指南，应选择敏感动物的敏感终点数据进行健康风险评估。

477. 滞留喷洒使用的卫生用农药是否可使用气雾剂模型进行健康风险评估？

答：不可以。

滞留喷洒和气雾剂使用是两种不同的场景。我国已发布气雾剂健康风险评估的相关指南和模型，滞留喷洒场景尚未正式发布相关指南和模型，申请人可参考相关征求意见文稿，也可以参考国外的数据，根据产品特性、使用特点，在分析比较并采用合适的参数基础上，完成健康风险评估报告。

478. 哪些特殊农药品种不需要开展健康风险评估？

答：硫磺、硅藻土、矿物油、松脂酸钠、石硫合剂、波尔多液、碱式硫酸铜、王铜、硫酸铜、氢氧化铜等，可减免健康风险评估报告。

479. 健康风险评估时风险系数怎样计算？

答：根据健康风险评估要求，应分别计算不同防护水平的经皮暴露、吸入暴露的风险系数。一般合并计算经皮暴露、吸入暴露两种途径的风险系数，得到综合风险系数。如有资料表明，两种暴露途径引起的毒性不同（如靶器官不同的情况下），则两种暴露途径的风险系数不应加和。

480. 农药施用人员健康风险评估中，当使用亚急性毒性数据时，是否要增大不确定系数?

答：根据《农药施用人员健康风险评估指南》要求，所选试验项目应与暴露期限相匹配。当暴露周期为亚慢性时，使用亚急性毒性数据从亚急性试验推导到亚慢性试验时，需对不确定系数进行适当放大，不确定系数通常增加3倍。

481. 背负式喷雾场景的单位暴露量结果为风险不可接受时，可否用国外的暴露量数据进行评估?

答：背负式喷雾场景风险评估结果表明风险不可接受的，建议使用风险控制措施降低风险，或开展高级阶段的风险评估。采用国外的暴露量数据进行评估的，其结果不作为评审依据。

482. 亚急性或亚慢性经皮毒性数据风险不可接受的，可否用透皮吸收率进行校正?

答：依据《农药施用人员健康风险评估指南》原则要求，如经皮暴露的AOEL是用经口毒性作为替代数据制定的，可考虑采用透皮吸收率进行校正。

483. 如何计算果树用农药风险评估的暴露量?

答：果树杀虫、杀菌的产品用药量单位通常为毫克/千克，在计算暴露量时，根据单位面积施用药液量换算获得单位面积的有效成分用量（千克/公顷），每天施药面积根据相关指南规定的原则确定，再依据暴露量公式进行计算。

484. 健康风险评估是否需要评估代谢物的风险?

答：经评价认为农药的代谢物有毒理学意义的，需开展代谢物的健康风险评估，如丙硫菌唑的代谢物脱硫丙硫菌唑需开展健康风险评估。

485. 混配制剂健康风险评估中风险系数要加和吗?

答：应根据毒理学试验结果确定，如果各有效成分引起的毒性不同，则各有效成分的风险系数RQ不需要进行加和。

486. 施药次数仅为一次时，暴露期限可以用亚急性毒性数据进行评估吗？

答：暴露期限要根据产品使用方法、技术以及农业耕作、病虫害发生等调查情况来综合评判，不能仅考虑某一产品的使用方法。依据《农药施用人员健康风险评估指南》要求，所选试验项目应与暴露期限相匹配。目前，一般用亚急性或亚慢性毒性试验数据。

487. 药土法施药的产品可以用国内喷雾法施药模型进行评估吗？

答：不可以。药土法施药和喷雾施药的施药方法不同，属于不同暴露场景。药土法或其他无对应模型的场景可参考国外的模型或暴露量参数，结合申请产品特性、使用特点，在分析比较并采用合适参数的基础上进行评估。

第六部分：残　留

488. 农药登记残留资料包括哪些?

答：根据《农药登记资料要求》，农药登记残留资料包括：植物中代谢试验资料、动物中代谢试验资料、环境中代谢试验资料、农药残留储藏稳定性试验资料、残留分析方法资料、农作物中农药残留试验资料、加工农产品中农药残留试验资料、其他国家登记作物及残留限量资料、膳食风险评估报告。

489. 什么是农药代谢?

答：农药代谢是指农药直接或间接施于作物后，活性成分在作物中的吸收、分布、转化，鉴定其在作物中的代谢和（或）降解产物，并明确代谢和（或）降解途径。

490. 什么是农药的同位素标记合成和同位素标记农药?

答：农药的同位素标记合成是指利用放射性和（或）稳定性同位素对农药分子（稳定骨架）进行同位素标记合成，从而获得 ^{13}C、^{14}C、^{15}N 和 ^{35}S 等标记农药化合物的过程。一般首选 ^{14}C 同位素，当分子中不含碳原子或仅有不稳定的含碳侧链时，可考虑使用 ^{35}S 或其他放射性同位素。稳定性同位素（如 ^{13}C 和 ^{15}N）与放射性同位素同时使用，有助于代谢物的结构鉴定。

同位素标记农药是指利用放射性和（或）稳定性同位素对农药分子进行同位素标记的农药。

491. 什么是总放射性残留量（TRR)?

答：总放射性残留量（TRR）是残留中源于标记农药的母体及其代谢和（或）降解产物的总放射性量，包括可提取残留量和结合残留量。

492. 什么是可提取残留（ER）和结合残留（BR)?

答：可提取残留是指能够用常规提取方法得到的农药残留，即通常意义上的农药残留，包括母体及其衍生物。结合残留是指在不显著改变残留物化学性质条件下，不能用常规提取方法提取的包括母体及其衍生物农药残留，即不可提取态残留。

493. 农药代谢试验实验室应具备什么条件？

答：根据《农作物中农药代谢试验准则》（NY/T 3096—2017）之规定，农药代谢试验单位实验室应具备以下条件：

（1）具有丙级以上非密封性放射性实验室资质。

（2）具有同位素示踪实验操作规程。

（3）具有满足代谢物分析技术要求的仪器、设备和环境设施。

494. 代谢试验样品采集过程中需要注意的事项有哪些？

答：根据《农作物中农药代谢试验准则》（NY/T 3096—2017）之规定，代谢试验样品采集过程中需注意：

（1）在样品采集、包装和制备过程中，必须采取措施以杜绝放射性物质向对照组、土壤、水等环境中的迁移。

（2）在样品的采集、包装和制备过程中避免样品表面残留农药的损失。

495. 代谢试验农药标记化合物的化学纯度和放射化学纯度应达到多少？

答：农药标记化合物的化学纯度和放射化学纯度要求达到95%以上。

根据《农作物中农药代谢试验准则》（NY/T 3096—2017）之规定，应根据农药化合物的元素组成和分子结构，选择射线类型、能量和半衰期合适的核素及稳定的标记位置，以及适宜的比活度。对于一些结构复杂的农药化合物，应选择多位置标记和（或）双（多）核素标记。

496. 代谢试验样品运输及储藏需要注意哪些事项？

答：根据《农作物中农药代谢试验准则》（NY/T 3096—2017）之规定，代谢试验样品运输、储藏需注意：

（1）采集的样品应采用不含分析干扰物质和不易破损的容器包装；每一个样品应做好标识，并赋予唯一编号，且于24小时内冷冻保存；同时，记录样品名称、采样时间、地点及注意事项等相关信息。

（2）样品在不高于−18℃条件下储存，冷冻前不得将样品匀浆。解冻后立即测定。有些农药在储存时可能会发生降解，需要在相同条件下开展添加回收率试验进行验证。对于果皮和果肉分别检测的样品，应在冷冻前将其分离，分别包装。

497. 如何理解“新农药已提交完整植物代谢资料或提交的代谢资料已包含申请登记作物类型的，可不提交植物代谢资料”？

答：根据《农药登记资料要求》，对于新农药，一般情况下应提交根茎类、叶类、果实类、油料类和谷类等5类作物中的代谢试验资料（每类作物至少选一种；如果数据表明，该农药在3类作物中代谢途径一致，则不需要进行其他代谢试验）；对于一些仅能用于某类作物的特殊农药，可仅提供该类作物中的代谢资料，但需要提交说明原因。

对于新农药保护期外的产品，有效成分在作为新农药登记时已提交完整植物代谢资料，或提交的代谢资料已包含申请登记作物类型的（如要求从5类作物中选3类中的各1种进行代谢试验，而此次提交的作物正好在已提交的3类中），如果在3类作物中代谢途径一致，则可不提交其他代谢资料。

498. 如何理解化学或生物化学新农药制剂可以不提供植物、动物和环境中代谢试验资料的规定？

答：新《农药登记资料要求》实施前，首家申请化学或生物化学新农药登记时已提交完整植物代谢资料，或提交的代谢资料已包含申请登记作物类型的，在6年保护期内申请其他产品登记时或取得首家授权时，可不提交植物、动物和环境代谢资料；相反，新农药登记时未提交完整植物代谢资料，或提交的代谢资料不包含申请登记作物类型的，在6年保护期内申请其他产品登记时应按照《农药登记资料要求》提交相关试验资料。此外，如登记作物不涉及作为动物饲料，可不提交动物代谢资料；如已在环境资料中提交该部分资料，不需要重复提交。

499. 新农药如何确定残留试验应做哪些代谢物？

答：根据《农作物中农药代谢试验准则》（NY/T 3096—2017）之规定，作物的可食部位或饲用部位中某代谢物具有显著的残留水平时，相关残留试验应检测该代谢物。

500. 需做动物代谢试验的作物有哪些？

答：根据《农药登记资料要求》和《农作物中农药残留试验准则》（NY/T 788—2018）附录A的规定，涉及动物饲料的作物为水稻、小麦、玉米、大豆、花生、饲料作物（苜蓿、黑麦草、青贮玉米）。因此，这些作物需做动物代谢试验。

501. 植物代谢试验中如何确定定量分析的残留物？

答：根据《农作物中农药代谢试验准则》（NY/T 3096—2017）的要求，

采用共色谱法对鉴定结果进行确证实验。当代谢物浓度<0.01 毫克/千克，且在残留物总量中的比例低于 TRR 的 10%时，不需要进行进一步确证。当代谢物浓度为≥0.01 毫克/千克，且在残留物总量中占的比例高于 TRR 的 10%时，需要对其结构进行鉴定，定量分析其残留物。

502. 农作物中可提取残留物性质与代谢物结构鉴定要求是什么？

答：依据《农作物中农药代谢试验准则》（NY/T 3096—2017）的规定，农作物中可提取残留物性质与代谢物结构鉴定具体要求如下：

相对 TRR 含量，%	浓度，毫克/千克	要求的措施
<10	<0.01	没有毒理学关注则不采取进一步研究
<10	0.01～0.05	能够直接确定结构的代谢组分则进行结构表征，例如已有标准参考物或前期研究已明确代谢组分结构
<10	>0.05	代谢组分是否应进行结构表征与鉴定视已鉴定组分的含量而定，具体情况具体分析。若绝大部分放射性组分已鉴定（如 75%），则不采取进一步的结构表征与鉴定
>10	<0.01	能够直接确定结构的代谢组分则进行结构表征，例如已有标准参考物或前期研究已明确代谢组分结构
>10	0.01～0.05	尽量确定结构和代谢途径
>10	>0.05	用所有可能的方法确定结构和代谢途径
>10	>0.05（结合态残留物）	进行结合态放射性残留物性质分析

503. 保护期内的新农药，可以用查询代谢途径和代谢产物数据代替同位素标记做植物代谢试验吗？

答：不可以。应根据《农作物中农药代谢试验准则》（NT/T 3096—2017）之规定，采用同位素标记方法进行植物代谢试验。

504. 残留试验中植物代谢试验供试作物分几类？

答：根据《农作物中农药代谢试验准则》（NY/T 3096—2017）之规定，供试作物分为 5 类：根茎类、叶类、果实类、种子与油料类、谷类与饲料作物。具体分类如下：

种 类	作 物
果实类	柑橘类水果 坚果 仁果类水果 核果 浆果 小水果类 葡萄 果菜类蔬菜 香蕉 柿子
根茎类	根类或块茎类蔬菜 鳞茎类蔬菜
叶类	芸薹属蔬菜 叶菜 茎菜 啤酒花 烟草
谷类、饲料类	谷类 牧草及饲料作物
种子与油料类	豆类蔬菜 干豆类 含油种子 花生 饲用豆科作物 可可豆 咖啡豆

505. 代谢试验供试作物不在分类表中的怎样处理?

答：代谢试验供试作物不属于已规定的5类作物与作物种类的，建议向农药登记管理部门咨询。

506. 代谢试验的施药方法、采样间隔和次数与残留试验一样吗?

答：不一定。农药代谢试验的施药方法及采样间隔和次数应根据《农作物中农药代谢试验准则》（NY/T 3096—2017）的要求执行。代谢试验一般采用田间最大推荐施用剂量。对于某些施药剂量特别低的农药，可以适当增大施药剂量，以便鉴定出各种代谢产物。

代谢试验于施药后定期采样，次数不少于6次。作物首次采样应于施药后药液基本风干时进行，以确定标记农药的原始沉积量。毒土法试验时应同时采集作物与土壤样品。

507. 农药残留储藏稳定试验设计有什么要求？

答：根据《植物源性农产品中农药残留储藏稳定性试验准则》（NY/T 3094—2017）之规定，储藏稳定性试验设计的要求是：

（1）储藏稳定性试验必须有足够的样品储藏量且样品中农药残留物浓度应足够高，以便在储藏过程中农药残留量发生显著降解而能够对该农药进行定量检测。

（2）储藏稳定性试验的样品可以来自大田中施过农药的农作物，或者来自空白农产品中添加已知量的明确农药残留及其代谢物的样品。

（3）一般情况下，残留试验样品若在冷冻储藏 30 天内完成检测，可不进行储藏稳定性试验。

（4）样品提取物在检测之前需储藏，且储藏时间超过 24 小时的，应提交此储藏时期的稳定性数据。

（5）储藏稳定性试验原则上应在开展农药残留分析前进行，尤其是已知或怀疑不稳定或易挥发（包括熏蒸剂）的农药。

（6）对于农作物残留试验涉及的所有基质，都应开展储藏稳定性试验。

（7）储藏稳定性试验样品的状态应与残留试验样品储藏状态一致。

（8）一般情况下，农药有效成分及代谢物应分别独立开展储藏稳定性试验。

508. 按原《农药登记资料规定》要求完成的残留试验，需要提供残留储藏稳定性试验报告吗？

答：需要。依据《农药登记资料要求》，需要提交农作物残留试验的，应提交储藏稳定性试验资料。

509. 残留试验都必须要做储藏稳定性试验吗？

答：不一定。应依据样品储存周期长短决定。根据《植物源性农产品中农药残留储藏稳定性试验准则》（NY/T 3094—2017）的规定，残留试验样品若在冷冻储藏 30 天内完成检测，可不进行储藏稳定性试验。另外，依据《农药登记资料要求》，可提供查询资料。

510. 残留储藏稳定性试验开展的时间有何要求？

答：根据《植物源性农产品中农药残留储藏稳定性试验准则》（NY/T 3094—2017）的规定，储藏稳定性试验原则上在开展农药残留试验前进行或完成，尤其是已知或怀疑不稳定或易挥发（包括熏蒸剂）的农药。

511. 储藏稳定性试验能包括在残留试验报告中吗？

答：视情况。根据农药登记试验机构的试验项目管理要求，可单独出具报告，也可纳入农作物残留试验项目中。

512. 残留储藏稳定性试验报告能使用查询资料吗？

答：可以。但需要将查询资料与残留试验的储存条件进行比对，查询资料的样品储存条件应覆盖残留试验样品的储存条件。

513. 按储藏稳定性试验作物分类，在官网上查询到某有效成分在某作物上的储藏稳定性数据，可以引用查询数据登记其他作物吗？

答：视情况。根据《植物源性农产品中农药残留储藏稳定性试验准则》（NY/T 3094—2017）中 5.1.4 的相关原则要求，引用同类作物的储藏稳定性试验数据，可以不再进行储藏稳定性试验。

514. 原残留试验报告无储藏稳定性试验内容，可否在残留补点试验中开展储藏稳定性试验？

答：可以。新《农药登记资料要求》实施后开展的农作物残留试验，应提交储藏稳定性试验资料。

515. 高含水量、高含油量、高蛋白含量、高淀粉含量、高酸含量等 5 种类别作物都需要做储藏稳定性试验吗？

答：根据登记作物提交储藏稳定性试验资料的要求，不需要全部提供 5 种类别的储藏稳定性试验资料。根据《植物源性农产品中农药残留储藏稳定性试验准则》（NY/T 3094—2017）之规定，如果农药只在 5 个类别中 1 种作物上使用，则需要 1 种以上此类代表性作物的储藏稳定性数据。相应类别作物的试验依照下列规定进行：高含水量类，如果已经证明了此类别中 3 种不同作物中的储藏稳定性，对属于这一类的其他作物的储藏稳定性试验就不必要了；高油含量类，如果已经证明了此类别中 2 种不同作物中的储藏稳定性，对属于这一类的其他作物的储藏稳定性试验就不必要了；高蛋白含量类，如果已经证明了干豆/豆类中的储藏稳定性，对属于这一类的其他作物储藏稳定性就不必要了；高淀粉含量类，如果已经证明了此类别中 2 种不同作物中的储藏稳定性，对属于这一类的其他作物的储藏稳定性试验就不必要了；高酸含量类，如果已经证明了此类别中 2 种不同作物中的储藏稳定性，对属于这一类的其他作物储藏稳定性试验就不必要了。

516. 储藏稳定性试验是否需要检测所有成分？

答：需要检测所有成分。应依据《植物源性农产品中农药残留储藏稳定性试验准则》（NY/T 3094—2017）开展检测有效成分和相关残留代谢物。

517. 对于同类作物的储藏稳定性试验可否选用代表性作物进行储藏稳定性试验？

答：可以。根据《植物源性农产品中农药残留储藏稳定性试验准则》（NY/T 3094—2017）和附表A之规定，同类作物可选用代表性作物进行储藏稳定性试验。

518. 怎样把握储藏稳定性试验采样的频率和时间间隔？

答：储藏稳定性采样频率取决于残留农药的稳定性及残留试验样品的最长储藏期。当残留农药比较稳定时，典型的取样检测间隔时间应该是0，1，3，6及12个月，但如果样本保存较长时期，如长达2年，则采样间隔时间可延长。如果残留农药降解较快，则可以选择取样检测间隔时间为0，2，4，8和16周。如果不知道农药的稳定性情况，则时间间隔应综合上述两种情况选择。

519. 农药残留储藏稳定性的作物如何分类？

答：根据农药残留储藏稳定性试验准则，用于农药残留储藏稳定性试验的作物分为：高含水量、高含油量、高蛋白含量、高淀粉含量、高酸含量等5类。具体分类如下：

种　类	包含作物	代表性作物
高含水量	仁果	苹果、梨
	核果	杏、枣、樱桃、桃
	鳞茎类蔬菜	洋葱
	瓜果类蔬菜	番茄、辣椒、黄瓜
	芸薹类蔬菜	花椰菜、十字花科蔬菜、甘蓝
	叶菜和新鲜香草	生菜、菠菜
	茎秆类蔬菜	韭菜、芹菜、芦笋
	草料/饲料作物	小麦和大麦草料、紫花苜蓿
	新鲜豆类蔬菜	食荚豌豆、青豌豆、蚕豆、菜豆
	块茎类蔬菜	甜菜
	热带亚热带水果	香蕉、荔枝、龙眼、芒果
	甘蔗	
	茶鲜叶	
	菌类	

（续）

种　类	包含作物	代表性作物
高含油量	树生坚果 含油种子 橄榄 鳄梨 啤酒花 可可豆 咖啡豆 香料	胡桃、榛子、栗子 油菜、向日葵、棉花、大豆、花生
高蛋白含量	干豆类蔬菜/豆类	野生豆、干蚕豆、干扁豆（黄色、白色/藏青色、棕色、有斑的）
高淀粉含量	谷类 根叶和块茎蔬菜的根 淀粉块根农作物	水稻、小麦、玉米、大麦和燕麦 甜菜、胡萝卜 马铃薯、甘薯
高酸含量	柑橘类水果 浆果 葡萄干 猕猴桃 凤梨 大黄	柑橘、柠檬、橘、橙 葡萄、草莓、蓝莓、覆盆子 葡萄干

注：上表所列的农产品并不是完整的农产品分类，还可能有其他农产品未包含在内。

520. 残留储藏稳定性试验没有分类的作物怎样处理？

答：根据《植物源性农产品中农药残留储藏稳定性试验准则》（NY/T 3094—2017）之规定，如用于农药残留稳定性试验的作物未包含在分类内，建议申请者向农药登记技术评审部门咨询。

521. 具有资质的检测单位之间的作物储藏稳定性试验数据可以互认吗？

答：不可以。试验单位之间储藏稳定性试验数据是不能互认的。残留试验是委托方委托具有资质的试验单位进行的试验，被委托方有义务对委托方的试验数据保密，检测的所有数据都属委托方所有。储藏稳定性数据应属于委托方，不属于被委托的试验单位。

522. 储藏稳定性试验报告编制有哪些要求？

答：储藏稳定性试验报告应包括：储藏样品（是否加工品）、检测的化合物、试验设计和储藏条件（包括样品制备方式、冷冻温度、取样间隔、储藏时间、容器类型、残留量检测方法、设备）、储藏稳定性试验结果、数据报告、统计结果分析（满意度分析）、质量控制测试、上述试验步骤进行的日期的详细描述，并且应符合《农药登记试验质量管理规范》的要求。

523. 同一作物防治对象发生的时期不同，残留试验可以只做后期防治对象吗？

答：如果施药方法相同，且早期防治对象防治所需的施药剂量、施药次数、施药间隔期不大于后期防治对象，残留试验可以只做后期防治对象。如果施药方法不同，或施药方法相同，但早期防治对象防治所需的施药剂量、施药次数、施药间隔期有一项大于后期防治对象，则残留试验不能只做后期防治对象。

524. 什么是用于膳食摄入评估的残留物？

答：用于膳食摄入评估的残留物定义包括用于确定规范残留试验中值及最高残留值的农药母体及其代谢物、杂质和降解产物，它取决于代谢和毒理学的试验结果，适用于进行膳食摄入残留的评估。

525. 什么是用于监测的残留物？

用于监测（MRLs）的残留物定义包括确定 MRL 值的农药母体及其代谢物、衍生物和相关化合物，它取决于代谢和毒理学、规范残留试验、分析方法的研究结果，适用于遵从 GAP 的监测。GB 2763 中规定的残留物就是用于监测的残留物。

526. 马铃薯、芋头等播种前施药作物需要做残留消解试验吗？

答：不需要。根据《农作物中农药残留试验准则》（NY/T 788—2018），在可食部分形成前施药的农药，不需要开展残留消解试验，因此马铃薯、芋头等播种前施药不需要做消解试验。

527. 残留试验采收安全间隔期设置有何要求？

答：根据农业部 2017 年第 7 号令的规定和《农作物中农药残留试验准则》（NY/T 788—2018）要求，农药标签要求标注安全间隔期的农药，残留试验一般设 2 个采收间隔期；对于农药标签可以不标注安全间隔期的农药，残留试验一般设 1 个采收间隔期。

528. 残留试验怎样设置 2 个采收间隔期？

答：根据《农作物中农药残留试验准则》（NY/T 788—2018）要求，最终残留试验采收间隔期应参考供试农药推荐的安全间隔期天数设置。具体如表 11。

表 11　农药残留试验推荐的安全间隔期天数

推荐的 PHI（d）		采收间隔期（d）
<3		推荐的 PHI 和 3
3		3 和 5
5		5 和 7
7		7 和 10
10		10 和 14
≥14	7 的倍数	推荐的 PHI 和推荐的 PHI+7
	其他	推荐的 PHI 和推荐的 PHI+10

529. 什么情况下需要做残留消解试验？

答：根据《农作物中农药残留试验准则》（NY/T 788—2018）之规定，作物可食用部位形成后施用的农药，应对可食用部位进行残留消解试验。对于某一作物具有不同成熟期的农产品（如玉米、大蒜、大豆等），应对不同成熟期的农产品均开展残留消解试验。

530. 残留消解试验设置的具体要求是什么？

答：根据《农作物中农药残留试验准则》（NY/T 788—2018）要求，残留消解试验的施药剂量、次数、间隔和时期与最终残留试验一致。残留消解试验一般在最终残留量试验小区中开展，不需要额外设置试验小区，但是应保证试验采样量。除了最终残留量试验设置的采收间隔期外，残留消解试验应在推荐的安全间隔期前后至少再设 3 个采样时间点，一般设为最后一次施药后 0d（于施药后 2h 之内，药液基本风干）、1d、2d、3d、5d、7d、10d、14d、21d 和 28d 等。特殊情况下，可根据农药性质和作物生长情况设置采收时间。

当确定的试验点数为 8 个及以上时，应至少在 4 个试验点开展消解试验；试验点数为 8 个及以下时，应至少在 50%试验点中开展。

531. 农作物残留试验小区设置有什么要求？

答：根据《农作物中农药残留试验准则》（NY/T 788—2018）要求，残留试验每个试验点设置 1 个处理小区和 1 个对照小区。根据作物种类确定田间小区规模，粮食作物不应小于 $100m^2$，蔬菜不应小于 $50m^2$，一般果树不应少于 4 株，单株栽培的葡萄不应少于 8 株，对于藤蔓交织自然连片的作物不应小于 $50m^2$。

532. 新版《农作物中农药残留试验准则》关于施药剂量、施药时期的要求有什么变化?

答：根据新修订的《农作物中农药残留试验准则》(NY/T 788—2018）要求，施药剂量采用推荐的最高使用剂量，不再设置 1.5 倍剂量。施药时期的确定是当供试农药已推荐安全间隔期的，根据施药次数和间隔以及推荐的安全间隔期，参考实际防治时期，确定施药时期。当供试农药可不标注安全间隔期的，根据推荐的施药时期施药。

533. 农药残留试验区域是如何划分的?

答：根据我国气候条件、土壤类型、作物布局、耕作制度、栽培方式和种植规模等因素，科学划分农药登记残留田间试验的区域，明确不同作物农药残留田间试验的点数和分布，用于指导农药登记申请人按规定的区域和点数，委托开展农药登记残留试验，确保农药残留试验资料的科学性和代表性，可将全国划分为 9 个农药残留田间试验区域，分别用阿拉伯数字表示。具体区域如下：

1 区：内蒙古、辽宁、吉林、黑龙江；

2 区：山西、陕西、甘肃、宁夏、新疆；

3 区：北京、天津、河北；

4 区：山东、河南；

5 区：上海、江苏、浙江、安徽；

6 区：江西、湖北、湖南；

7 区：广西、重庆、四川、贵州、云南；

8 区：福建、广东、海南；

9 区：西藏、青海。

534. 残留试验地点的选择有什么要求?

答：根据《农药登记资料要求》，残留试验地点应优先安排在作物主产区。试验布局应综合考虑作物种植面积、品种、耕作方式、主产区以及气候带差异等对农药残留的影响。具体要求见《农药登记残留试验区域指南》（农药检（残留）〔2018〕18 号）。除种植集中的特色小宗作物外，相同耕作方式下试验点间距通常应不小于200千米。小宗作物残留试验点：多个省（自治区、直辖市）种植的作物，应在不同生态类型的省（自治区、直辖市）开展试验；只在1～2个省（自治区、直辖市）局部种植的作物，可以在同一省（自治区、直辖市）的不同区域开展试验。

535. 怎样合理布置残留试验地点？

答：农药登记残留试验点的选择和布置，应符合《农药登记资料要求》规定。残留试验点应涵盖作物主产区和主要栽培方式。若某区域只布置1个试验点，应考虑当地主要栽培方式；若布置2个及以上试验点时，应兼顾不同栽培方式和不同省份。对于《农药登记资料要求》中未规定残留试验点数的作物，一般应进行4点以上试验。具体要求见《农药登记残留试验区域指南》（农药检（残留）〔2018〕18号）。在提交登记申请资料时，应说明试验地点的确定理由并提供相关依据。

536. 怎样理解《农药登记残留试验区域指南》备注的“应有一半点数进行设施栽培方式的残留试验”？

答：设施化栽培是利用塑料大棚、日光温室和小拱棚等设施，对作物进行规范化和标准化的栽培和管理。区域指南备注的“应有一半点数进行设施栽培方式的残留试验”，是指需选择一半点数的试验在塑料大棚、日光温室或小拱棚等设施内栽培的作物上实施。

537. 按原《农药登记资料规定》完成的残留试验报告是否有效？

答：按原《农药登记资料规定》完成的残留试验报告有效，但试验点数不足的，应按新《农药登记资料要求》规定补齐相应的试验点数。

538. 按原《农药登记资料规定》完成的残留试验由于试验点数不够，可以补足缺少点数试验吗？

答：可以补足试验点数。由于按原《农药登记资料规定》完成的残留试验点数少于现行政策要求的残留试验点数，因此，自2017年11月1日起，应按照《农药登记资料要求》提交残留资料，并补齐剩余的试验点数。

539. 残留试验新补点试验是否还需在原单位做？

答：补点的残留试验应按照《农药登记残留试验区域指南》要求安排残留试验的地点，不能与已完成的试验地点重复。新补点的残留试验可以在原单位（具备资质）进行，也可以在具备资质的其他单位进行。

540. 按原《农药登记资料规定》完成的残留试验可折算为几点试验？

答：已完成的2年2地残留试验可算为4点，2年3地算6点。

541. 按原《农药登记资料规定》完成的残留试验与补点后完成的残留试验，报告如何出具？

答：由于新、旧残留试验要求不同，申请登记时两个残留试验报告分别出具。

542. 按原《农药登记资料规定》完成的残留报告有没有有效期？

答：残留试验报告没有有效期时间规定。

543. 扩大防治对象农药登记，如何确定残留试验的点数？

答：对于扩大防治对象（即作物不变）的农药登记，应根据施药时期、施药次数、施药剂量和施药间隔情况，对有可能导致残留风险增加的，可提交点数减半的残留试验资料，但点数不得少于2点。不增加风险的，可减免农作物残留试验。

544. 用于特色小宗作物的农药登记，残留试验点数有什么要求？

答：特色小宗作物用药残留试验点数，应符合《农药登记资料要求》附件6和附件9的规定。对于附件9里未提及的作物，残留试验点数应不少于4个。

545. 特色小宗作物群组化农药登记残留试验要求是什么？

答：2019年农业农村部办公厅印发了《用药短缺特色小宗作物名录》、《特色小宗作物农药登记药效试验群组名录》和《特色小宗作物农药登记残留试验群组名录》。规定：特色小宗作物残留群组名录实行动态管理，应按照《农药登记残留试验点数要求》，提交相应作物上的农药残留试验资料，也可以根据特色小宗作物农药登记残留试验群组化管理要求，提交该群组代表作物上的农药残留试验资料。特色小宗作物农药登记残留试验群组名录见表12。

表12　特色小宗作物农药登记残留试验群组名录（2019年版）

作物类别		作物名称	代表作物
杂粮杂豆	杂粮类	谷子、糜子、黍子、荞麦、燕麦（莜麦）、薏苡（薏仁）、高粱、青稞	谷子、高粱
	杂豆类	绿豆、赤豆（小豆）、黑豆、鹰嘴豆、芸豆	绿豆、芸豆

（续）

作物类别			作物名称	代表作物
油料			芝麻、胡麻、向日葵、油茶	芝麻、向日葵
蔬菜	葱蒜类		大蒜、洋葱、薤、葱、韭葱	大蒜、葱或洋葱
	芸薹属类		青花菜、芥蓝、菜薹、芥菜、雪里蕻、乌塌菜	芥蓝、青花菜
	叶菜类		菠菜、芹菜、油麦菜、茼蒿、苋菜、蕹菜、小茴香、苦苣、菊苣、落葵、叶萘菜、叶用莴苣（生菜）、紫背天葵、番杏、叶用甘薯、冬寒菜、香芹、芫荽（香菜）、薄荷、紫苏、罗勒、蒲公英、荠菜、马齿苋	菠菜、芹菜、蕹菜或叶用莴苣（生菜）
	茄果类		黄秋葵、人参果、酸浆（姑娘）	黄秋葵
	瓜类		西葫芦、冬瓜、节瓜、丝瓜、苦瓜、南瓜、笋瓜、佛手瓜、蛇瓜、金瓜、菜瓜、线瓜、瓠瓜	西葫芦、苦瓜
	豆类		豇豆、菜豆、豌豆、扁豆、四棱豆、刀豆、蚕豆、毛豆、利马豆	豇豆、菜豆
	茎菜类		芦笋、芦蒿、朝鲜蓟、球茎甘蓝、大黄、茎用莴苣	茎用莴苣，芦笋或球茎甘蓝
	根茎类和薯芋类	根茎类	萝卜、胡萝卜、姜、竹笋、芜菁、茎瘤芥、菜用牛蒡、根芹菜、辣根、桔梗、百合、阳荷、根甜菜、根芥菜、鱼腥草（折耳根）	萝卜、姜或百合
		薯芋类	甘薯、山药、芋头、魔芋、旱藕（芭蕉芋）、葛、豆薯、凉薯、牛蒡、木薯、菊芋	甘薯、山药或芋头
	水生类		水芹、茭白、豆瓣菜、蒲菜、莼菜、菱角、芡实、莲藕、荸荠、慈姑	水芹、茭白或莲藕
水果	柑橘类、仁果类		柠檬、柚子、金橘、佛手柑、枇杷、柿子、山楂、海棠、榅桲	金橘、山楂或枇杷
	核果类		桃、枣、樱桃、杏、李子、青梅	桃、枣
	浆果和其他小型水果		蓝莓、桑葚、黑莓、醋栗、越橘、唐棣、树莓、覆盆子、猕猴桃、五味子	蓝莓、猕猴桃
	热带和亚热带水果	皮可食	杨梅、杨桃、番石榴、莲雾、无花果、橄榄、刺梨	杨梅、莲雾
		皮不可食	荔枝、芒果、石榴、木瓜、菠萝、龙眼、火龙果、山竹、番荔枝、西番莲（百香果）、椰子、波罗蜜、榴莲、红毛丹、鳄梨、树番茄、黄皮	荔枝、菠萝、芒果或鳄梨
	甜瓜类		甜瓜（薄皮甜瓜、厚皮甜瓜）、哈密瓜、白兰瓜、香瓜、栝楼、打瓜	甜瓜

（续）

作物类别		作物名称	代表作物
坚果		核桃、板栗、山核桃、香榧、榛子、巴旦木（扁桃仁）、澳洲坚果、白果、腰果、松仁、开心果、杏仁	核桃、杏仁或榛子
饮料		菊花、茉莉花、咖啡豆、可可豆、啤酒花、金花茶	菊花、咖啡豆
食用菌		平菇、双孢蘑菇、茶树菇、袖珍菇、毛木耳、金针菇、杏鲍菇、香菇、滑子菇、白灵菇、银耳、蟹味菇、姬松茸（巴西蘑菇）、草菇、鸡腿菇、灰树花、灵芝、长根菇、黑木耳、大球盖菇、羊肚菌、竹荪、猴头菇、白玉菇、榆黄菇	平菇、双孢蘑菇、黑木耳
调味料		花椒、肉桂、胡椒、八角、茴香、豆蔻、陈皮、桂皮、山葵（芥末）	花椒、陈皮
药用植物	果实、种子类	枸杞、槟榔、罗汉果、决明子（决明、小决明）、砂仁（阳春砂、绿壳砂、海南砂）、胖大海	枸杞、槟榔
	其他类	人参、三七、西洋参、太子参、当归、黄芪、党参、白芷、肉苁蓉、姜黄、茯苓、天麻、铁皮石斛、忍冬（金银花）、西红花、杜仲	选择根、茎、花代表性作物2～3种
其他食用作物		玫瑰、洋槐（槐花）、桂花、黄花菜、香椿、霸王花	玫瑰、黄花菜

残留试验点数和布局按照《农药登记资料要求》附件6和附件9的规定执行；该名录不适用于采后用农药的残留试验。

546. 残留试验可以在1年内完成吗？

答：可以。登记作物残留试验点数应按《农药登记资料要求》《农药登记残留试验区域指南》等规定要求安排。对于在1年内还是2年内完成没有要求，只要试验资料符合《农药登记资料要求》就行。

547. 相同地点进行露地和大棚残留试验，试验点数可以分别计算吗？

答：可以。在同一地分别进行露地和大棚残留试验，算2个试验点。试验地点应按照《农药登记残留试验区域指南》确定。

548. 同一地点在不同的储存条件下开展的储存期用药残留试验，试验点数是否可以分别计算？

答：根据《农药登记资料要求》附件9之规定："试验布局应综合考虑作物种植面积、品种、耕作方式、主产区以及气候带差异等对农药残留的影响"，在不同的储存条件下开展的储存期用药残留试验，可以按不同的储存条件来计算试验点数。

549. 烟草农药登记需要提交残留资料吗?

答：需要提交残留试验资料。根据《农药登记资料要求》规定和《农药登记残留试验区域指南》要求，烟草农药登记需要提交8点残留试验资料。

550. 农药登记残留试验点数需要参考具体的防治对象吗?

答：一般情况下，农药登记残留试验的试验点数与登记的作物有关，而与防治对象无关。

551. 春大豆和夏大豆的残留试验点数有什么要求?

答：根据《农药登记残留试验区域指南》的规定，申请作物为春大豆和夏大豆时，残留试验点数均为6点以上。

552. 油菜和春油菜及冬油菜残留试验点数有区别吗?

答：有区别。根据《农药登记残留试验区域指南》的规定，油菜在残留试验上分冬油菜和春油菜。当申请登记的作物为油菜时，残留试验需要做10点以上；申请登记的作物为冬油菜时，残留试验需要做8点以上；申请登记的作物为春油菜时，残留试验需要做4点以上。

553. 农药登记残留试验作物是怎样分类的?

答：《农药登记资料要求》将残留试验作物分为谷物、蔬菜、水果、坚果、糖料作物、油料作物、饮料作物、食用菌、调味料、饲料作物、药用植物及其他共计12类。其中，谷物分为：稻类、麦类、旱粮类和杂粮类；蔬菜作物分为：鳞茎类、芸薹属类、叶菜类、茄果类、瓜类、豆类、根和块茎类、水生类及其他类；水果作物分为：柑橘类、仁果类、核果类、浆果和其他小型水果、热带和亚热带水果、瓜果类；坚果作物分为小粒坚果和大粒坚果；糖料作物分为甘蔗和甜菜；油料作物分为小型油籽类和其他类；饮料作物分为茶、咖啡豆、可可豆、啤酒花、菊花和玫瑰花等；食用菌分为蘑菇类和木耳类；调味料作物分为叶类、果实类、种子类、根茎类；饲料作物分为：苜蓿、黑麦草等；药用植物分为根茎类、叶及茎秆类、花及果实类；其他类如烟草等。详细分类见《农药登记资料要求》附件8。

554. 农药登记残留试验对于其他类作物如何确定?

答：依据《农药登记资料要求》附件8之规定，在“农药登记残留试验作物分类”表中未明确表明归属类的作物，应该根据其作物生态学、可食用部位的农药残留分布、膳食消费等情况，确定分类归属。

555. 申请某类作物登记，如何选择该类作物进行残留试验？

答：按照《农药登记资料要求》残留试验作物分类之规定，可以在某类作物中选择代表作物进行残留试验的基础上，再选择1～2种非代表作物进行试验后，可申请在该类作物上登记。

556. 对于未列入农药登记残留试验区域的作物，如何进行残留试验安排？

答：试验点的选择可通过前期调研，试验地点应优先安排在作物主产区，并应综合考虑作物种植面积、品种、耕作方式、主产区以及气候带差异对农药残留的影响。在提交登记申请资料时，应说明试验地确定理由并提供相关依据。

557. 不同作物农药登记残留试验点数具体要求是什么？

答：根据《农药登记资料要求》，不同作物农药登记残留试验点数要求见表13。

表13　不同作物农药登记残留试验点数要求

序号	作　物	点数
1	水稻、小麦、玉米、马铃薯、黄瓜、番茄、辣椒、结球甘蓝、橘（橙）、苹果（梨）等	≥12
2	冬小麦、夏玉米、大白菜、普通白菜、菜豆、葡萄、西瓜、大豆（含青豆）、花生、油菜、茶等	≥10
3	韭菜、花椰菜、菠菜、芹菜、茄子、西葫芦、冬瓜、豇豆、茎用莴苣、萝卜（含萝卜叶）、胡萝卜、甘薯、桃、枣、草莓、猕猴桃、棉等	≥8
4	春小麦、春玉米、绿豆、大蒜、芦笋、芥蓝、山药、节瓜、水芹、莲藕、茭白、竹笋、甜瓜、柿子、枇杷、荔枝、芒果、香蕉、石榴、杨梅、木瓜、菠萝、甘蔗、甜菜、葵花、香菇、金针菇、平菇、木耳等	≥6
5	百合、菱角、芡实、黄花菜、豆瓣菜、小茴香、辣根、杏、枸杞、蓝莓、桑葚、橄榄、椰子、榴梿、核桃、银杏、油茶、咖啡豆、可可豆、啤酒花、菊花、玫瑰花，以及调味料类、药用植物类等	≥4
6	对用于环境条件相对稳定场所的农药，如仓储用、防腐用、保鲜用的农药等	≥4

注：对于《农药登记资料要求》和《农药登记区域指南》未列入的作物，一般应进行4点以上试验。

558. 残留田间试验一定要在具备试验资质单位开展吗？

答：是的。残留试验室外部分也属于登记试验范畴。根据《农药管理条例》第十条的规定：登记试验应当由国务院农业主管部门认定的登记试验单位按照国务院农业主管部门的规定进行。《农药登记管理办法》第十六条的规定：登记试验报告应当由农业部认定的登记试验单位出具，也可以由与中国政府有关部门签署互认协定的境外相关实验室出具；但药效、残留、环境影响等与环境条件密切相关的试验以及中国特有生物物种的登记试验应当在中国境内完成。

559. 什么是加工农产品中农药残留试验?

答：为了明确农产品加工过程中农药残留量的变化和分布，获取加工因子而进行的试验，包括田间试验和加工试验。

560. 什么是初级农产品（RAC）、加工农产品（PAC）和加工因子（P）?

答：初级农产品是指来源于种植业、未经加工的农产品。加工农产品是指以种植业产品为主要原料的加工制品。加工因子指加工农产品中的农药残留量与初级农产品中农药残留量之比。

561. 加工农产品中农药残留田间试验设计有哪些要求?

答：根据《加工农产品中农药残留试验准则》（NY/T 3095—2017），加工农产品农药残留田间试验设计的要求是：

（1）参照农作物中农药残留试验提供的良好农业规范，选取最高施药剂量、最多施药次数和最短安全间隔期，进行田间试验设计。

（2）确保进行加工试验样品中农药残留量大于定量限（LOQ），至少为0.1毫克/千克或LOQ的10倍。在不发生药害的前提下，作物上施用农药的浓度可高于推荐的最高施药剂量，最大可增至5倍。

（3）试验点数选择：应在作物不同的主产区设两个以上独立的田间试验。

（4）试验小区面积应满足加工工艺所需要的加工产品数量要求。

562. 加工农产品中农药残留试验资料可以使用查询报告吗?

答：可以使用查询数据。加工农产品中农药残留查询报告，应详细描述农产品加工过程以及农药残留量在加工过程中变化结果等信息。

563. 那些作物需要提供加工农产品中农药残留试验资料?

答：根据《农药登记资料要求》，油料作物中的大豆、花生、油菜和水果作物中的苹果、柑橘等5种作物要求提交加工农产品农药残留资料，具体要求见《加工农产品中农药残留试验准则》。

564. 花椒是否需要进行加工农产品残留试验？

答：不需要。根据《农药登记资料要求》和《加工农产品中农药残留试验准则》（NY/T 3095—2017）的规定，花椒未列入需提交加工农产品农药残留的作物中。所以，花椒树上使用的农药登记不需要提供加工农产品残留试验资料。

565. 如何理解加工产品中残留试验外推？

答：根据《加工农产品中农药残留试验准则》，加工农产品可依据加工程序进行分类，经过相同或相似加工过程的农产品，可以假定其加工试验结果可用于同类的其他产品，例如橘子加工成橘子汁和橘子渣的结果可外推到其他柑橘类水果的加工。但外推范围应符合表14的规定。

表14　加工农产品外推表

产　品	描　述	代表作物/初级农产品	外　推	工艺规模
果汁	也包括用于动物饲料的果渣及干果肉（副产品）	柑橘 苹果 葡萄	柑橘→柑橘类（果汁、饲料）、热带水果（仅果汁） 苹果→梨果、核果（果汁、饲料） 葡萄→小型浆果（果汁、饲料）	作坊/规模化
酒精饮料	发酵 制麦芽 酿造 蒸馏	葡萄（葡萄酒） 大米 大麦 啤酒花 其他谷物（小麦、玉米、黑麦、甘蔗）	葡萄[a]→所有可以加工为果酒的RAC，大米除外 大米（啤酒、酒）→无外推作物 大麦[b]→所有用于加工啤酒的RAC，大米及啤酒花除外 大麦→所有用于加工威士忌酒的RAC	作坊/规模化
蔬菜汁	包括制备浓缩汁，如番茄酱及糊	番茄 胡萝卜	番茄→所有蔬菜	作坊/规模化
制油	压榨或提取，包括用于动物饲料的餐饼或压滤饼	油菜籽 橄榄 玉米	1. 溶剂提取（粉碎） 橄榄→无外推 棉籽↔大豆→油菜籽→其他油料种子 2. 冷压榨 橄榄→无外推 棉籽→大豆油→菜籽→其他油料种子 3. 粉碎（干或湿） 玉米→无外推	规模化

（续）

产品	描述	代表作物/初级农产品	外推	工艺规模
磨粉	包括用于动物饲料的糠和麸及其他用于饲料的谷物粉		小麦→除大米外的所有小谷物（燕麦、大麦、黑小麦、黑麦、青稞） 大米→野生稻 玉米（干粉）→高粱	规模化
青储饲料	重要的动物饲料	甜菜 牧草/紫花苜蓿	甜菜→根和块茎 牧草/紫花苜蓿→所有青贮饲料	规模化
制糖	糖浆和甘蔗渣（用于动物饲料）是制糖过程中唯一可能产生残留浓缩的产品。其他的加工产品如蔗糖，也应进行评估	甜菜 甘蔗 甜高粱 玉米	甘蔗↔甜菜（仅用于精制糖） 玉米→大米、木薯	规模化
浸泡液或提取液	浸泡液，包括绿茶和红茶烘焙和提取（包括速溶咖啡）	茶 可可 咖啡	无外推	作坊/规模化
灌装水果		罐装的：苹果、梨、樱桃、桃、菠萝	任何罐装的有皮水果→所有罐装水果	作坊/规模化
其他水果产品制备	包括果酱、果冻、调味汁/浓汤	仁果类、核果类、葡萄、柑橘类	任何一种水果→其他主要水果	作坊/规模化
在水中烹饪蔬菜、谷物（包括在蒸汽中）		胡萝卜 豆类/豌豆（干） 豆类/豌豆（含水） 马铃薯 菠菜 大米（糙米或精米） 食用菌	菠菜→叶类蔬菜、芸薹类蔬菜（小于20分钟） 马铃薯→根茎类蔬菜、新鲜豆类蔬菜（大于20分钟） 大米→所有谷物	作坊

（续）

产　品	描　述	代表作物/初级农产品	外　推	工艺规模
灌装蔬菜		豆类（青豆或干豆） 玉米（甜） 马铃薯 菠菜 甜菜 番茄 豌豆	豆类、玉米、豌豆或菠菜→其他蔬菜 马铃薯→甘薯	作坊/规模化
其他蔬菜	油炸 微波烘焙	马铃薯	马铃薯→所有蔬菜（微波方式） 马铃薯→所有蔬菜（油炸或烘焙方式）	作坊/规模化
脱水产品	除去水分	水果、蔬菜、马铃薯、青草	无外推	规模化
大豆、大米和其他（酒精饮料除外）		大豆、大米、水果、蔬菜	无外推	规模化
腌菜	通过使用盐溶液厌氧发酵保存食物的方法	黄瓜、甘蓝	黄瓜→所有蔬菜	作坊/规模化

566. 低毒种子处理剂用于大豆、花生的种子包衣处理的产品是否需要提供加工农产品残留试验资料？

答：不需要。原药低毒或微毒种子处理剂，不需要提供残留试验资料，包括加工农产品残留试验资料。

567. 用于特色小宗作物的农药登记残留资料包括哪些？

答：根据《农药登记资料要求》附件6要求，特色小宗作物农药残留试验资料包括：农药残留储藏稳定性资料、残留分析方法资料、农作物中农药残留试验资料、膳食风险评估报告。

568. 单剂的残留资料可以授权混剂使用吗?

答：不可以。残留资料只能在相似产品或相同产品之间授权（相对本企业新含量）。另外，不能单独授权给其他企业作为产品登记资料使用。

569. 相对于本企业已登记产品为新含量产品，如何判定残留风险不增加?

答：按新《农药登记资料要求》，与本企业已登记产品相比，登记作物、使用剂量、施药时期、施药次数、施药方式、安全间隔期都相同，或使用剂量、施药次数低（少）于已登记产品，安全间隔期长于已登记产品，则认为残留风险不增加。反之，若登记作物、施药方式相同，但使用剂量提高、施药次数增加、施药时期推后或安全间隔期缩短，其中任一因素改变，均视为可能导致残留风险增加，应提交点数减半的残留试验资料，但是点数不得少于 2 点。

依据《农药登记资料要求》规定，相对于本企业已登记产品为新含量产品（包括等比例改变有效成分含量的混配制剂），如登记作物、使用剂量、施药时期、施药次数、施用方式、安全间隔期等均相同，可减免残留试验资料；如登记作物、使用方法相同，但使用剂量、施药时期、施药次数、安全间隔期有变化，有可能导致残留风险增加的，应提交点数减半的残留试验资料，但点数不得少于 2 点。

570. 相对本企业相同作物、相同使用方法新含量制剂登记，原登记产品无残留数据，残留试验点数能减半吗?

答：不能。《农药登记资料规定》与《农药登记资料要求》对残留试验要求不同，残留试验资料必须符合《农药登记资料要求》和《农药登记残留试验区域指南》的规定。

571. 植物源和微生物农药的残留试验资料有哪些要求?

答：植物源和微生物农药是否需要提交农药残留资料，取决于经毒理学检测是否存在毒理学意义。经毒理学检测有毒理学意义的，应提交农产品中该类物质的残留资料。

572.《农药管理条例》第十条规定的免于残留试验与《农药登记资料要求》相同产品登记需提供部分残留试验资料是否矛盾?

答：不矛盾。《农药管理条例》第十条中所述的“与已取得中国农药登记农药组成成分、使用范围和方法相同的农药，免于残留、环境试验。”是指相同产品登记作物、使用方式、使用剂量、施药时期、施药次数、安全间隔期均相同，即残留风险不增加，在这种情况下可减免残留资料。《农药登记资料要求》规定，对于相同产品，如果使用方式、使用剂量、施药时期、施药次数、安全间隔期的改变不会增加残留风险的，可减免残留试验资料；有可能导致残留风险增加的，应提交点数减半的残留试验资料，但点数不得少于2点。因此，《农药管理条例》和《农药登记资料要求》中对相同产品残留资料减免规定是一致的。

573. 新农药登记已过保护期，申请有效成分相同、剂型不同、使用作物不同的农药登记，可以减免代谢试验吗?

答：新农药登记过保护期的，可以减免代谢资料。

574. 大田用农药制剂哪些情形不需要做残留试验?

答：化学农药制剂均需残留试验资料，但在一定条件下可以部分减免残留试验资料。依据《农药登记资料要求》，以下几种情况可减免残留试验资料。

（1）对于使用范围和使用方法相同的相同制剂和相似制剂，使用剂量、施药次数、安全间隔期的改变不会增加残留风险的；

（2）申请用于非食用作物、非饲用作物；

（3）豁免制定食品中最大残留限量的农药；

（4）原药低毒或微毒种子处理剂（包括拌种剂、种衣剂、浸种用的制剂）；

（5）原药为低毒或微毒的微生物农药、信息素、天然植物生长调节剂、多糖类农药制剂和无机铜以及低毒或微毒无机农药。

575. 杀鼠剂登记的残留试验资料有何规定?

答：全面撒施的杀鼠剂需要残留资料，其余杀鼠剂登记不需要。

576. 新农药登记在非耕地上，可以减免动植物代谢试验吗?

答：如果可证明该新农药仅用于非耕地，可减免动植物代谢试验。如果之后还登记在食用/饲用作物上，则不可减免动植物代谢资料。

577. 什么情况下“相似制剂”登记可以减免残留试验资料?

答：相似制剂申请在相同作物上登记时，如果已登记产品符合《农药登记资料要求》规定，且申请登记产品不会增加残留风险的，可减免残留试验资料；有可能导致残留风险增加的，应提交点数减半的残留试验资料，但点数不得少于2点。

578. 有效成分已过保护期的相似制剂登记，可以减免残留试验资料吗?

答：申请有效成分已过保护期的相似制剂登记，且已登记产品资料符合现行的《农药登记资料要求》，并申请登记产品与已登记产品相比，使用范围和使用方法相同，用药剂量、施药次数、安全间隔期相同，残留风险不增加的，企业可申请减免残留试验，残留分析方法可以提交查询资料；如果与已登记产品相比，残留风险增加，则不能减免残留试验资料。

579. 按“相似制剂”申请登记，可以在原残留试验资料基础上补充残留试验点数吗?

答：相似制剂申请在相同作物上登记时，如果已登记产品资料符合《农药登记资料要求》规定，但有可能导致残留风险增加的，应提交点数减半的残留试验资料，但点数不得少于2点。如果已登记产品资料不符合现行农药登记资料要求，应按新剂型制剂提交残留资料，不能根据已登记产品的残留试验资料补充残留试验点数。

580. 相对本企业为新含量混配制剂，可以减免残留试验资料吗?

答：依据《农药登记资料要求》规定，相对于本企业已登记产品（残留资料应符合现行《农药登记资料要求》）为新含量混配制剂（等比例改变有效成分含量），如登记作物、使用剂量、施药时期、施药次数、施用方式、安全间隔期等均相同，可减免残留试验资料；如登记作物、使用方法相同，但使用剂量、施药时期、施药次数、安全间隔期有变化，有可能导致残留风险增加的，应提交点数减半的残留试验资料，但点数不得少于2点。

581. 扩大使用范围登记可以减免残留资料吗?

答：扩大使用作物范围应视情况减免残留资料。一般应根据《农药登记资料要求》附件5“登记变更资料要求释义与明细表”中扩大使用范围的要求提交残留资料。对已过新农药保护期的产品，在申请扩大使用范围登记时，若其申请扩大的作物，已有相同有效成分及含量、相同剂型的产品在该作物上登记，可不提交残留试验资料（加工残留试验资料除外）。可能增加残留风险的，应提交相关残留试验资料，其中农作物中农药残留试验点数减半，但点数不能少于2点。

582. 扩大使用范围，按要求补充点数的残留资料，可以是其他企业做的残留资料吗?

答：不可以。应根据登记资料要求，提供申请制剂完成的用于扩大使用范围（拟申请登记作物）的残留试验资料。

583. 如何理解“新含量登记不增加残留风险的减免残留资料”的含义？

答：根据《农药登记资料要求》，与本企业已登记产品相比，申请登记产品为新含量产品（包括等比例改变有效成分含量的混配制剂），如登记作物、施药方式相同，但是使用剂量和施药次数不高于已登记产品、施药时期不晚于已登记产品、安全间隔期不长于已登记产品，则认为残留风险不增加，可减免残留试验资料。

584. 残留试验作物分类中的代表作物已登记，申请在该类中的其他作物上登记还需要提供残留资料吗？

答：代表作物已登记并提供残留资料，申请在该类中其他作物上登记时仍然需要提供残留资料。但是，依据《农药登记资料要求》附件 8“农药登记残留试验作物分类”之规定，可以在选择代表作物进行残留试验的基础上，再选择 1～2 种非代表作物进行试验后，可申请在该类作物上登记。

585. 残留试验作物分类中的代表作物已登记，其他企业申请在相同作物上登记，还需要提供残留资料吗？

答：对于保护期内的农药，获得全套资料授权的相同产品在相同作物上申请登记时，可减免残留资料。对于保护期外的农药，其他企业的相似产品在相同作物上申请登记时，如果不增加膳食风险，可减免残留资料；如果增加膳食风险，应提交点数减半的残留试验资料。其他情况均不能减免残留资料。

586. 有效成分已登记多年的新混配制剂，可以不提供残留试验吗？

答：不可以。依据《农药登记资料要求》，只有相同或相似产品可以减免残留资料，而根据新混配制剂定义，不存在相同或相似产品登记的情况。因此，新混配制剂登记不能减免残留试验资料。

587.《农药合理使用准则》已有残留限量数据的农药，可以减免残留试验吗？

答：不可以。申请者应按《农药登记资料要求》规定，提供相应的农药残留试验资料。

588. 涂抹用于防治农作物病虫害的化学农药制剂可以减免残留试验吗？

答：不可以。化学农药制剂（可湿性粉剂、悬浮剂等）涂抹用于防治农作物病虫害的农药，不在可以减免残留试验或豁免制定残留限量的农药名单中。应根据《农药登记资料要求》，提供农药残留试验资料。但是，根据农药的性质、使用方法等，能够证明食用部位和饲用部位不会有农药残留，可申请资料减免。

589. 低毒的无机盐类新农药，可以减免残留资料吗?

答：根据可以减免残留试验或豁免制定残留限量的农药名单，对于硫磺、无机铜制剂、石硫合剂等低毒或微毒的无机农药，可以减免制剂的残留资料。

590. 铜制剂产品可以减免残留资料吗?

答：根据可以减免残留试验或豁免制定残留限量的农药名单，无机铜制剂产品可减免残留资料，但有机铜制剂不能减免残留资料。

591. 化学或生物化学农药制剂残留试验资料减免条件有哪些?

答：以下 4 种情形可以申请减免残留试验资料：

（1）相对于本企业已登记产品为新含量产品（包括等比例改变有效成分含量的混配制剂），如登记作物、使用剂量、施药时期、施药次数、施用方式、安全间隔期等均相同，可不提供残留试验资料。

（2）相对于本企业已登记产品为新含量产品（包括等比例改变有效成分含量的混配制剂），如登记作物、使用方法相同，但使用剂量、施药时期、施药次数、安全间隔期有变化，有可能导致残留风险增加的，应提交点数减半的残留试验资料，但点数不得少于 2 点。

（3）使用范围和使用方法都相同的相同或相似制剂登记，在使用剂量、施药次数、安全间隔期的改变不会增加残留风险的，可不提交残留试验资料。

（4）使用范围和使用方法都相同的相同或相似制剂登记，有可能导致残留风险增加的，应提交点数减半的残留试验资料，但点数不得少于 2 点。

592. 在什么情况下不需要提供化学或生物化学新农药制剂在植物、动物和环境中代谢试验资料?

答：化学或生物化学新农药已按照《农药登记资料要求》提交完整植物代谢资料，或提交的代谢资料已包含申请登记作物类型的，可不提交植物代谢资料；如登记作物不涉及作为动物饲料，可不提交动物代谢资料；如已在环境资料中提交该部分资料，不需要重复提交。

593. 哪些类别的农药不需要残留试验资料?

答：根据《农药登记资料要求》及登记豁免残留试验产品之规定，以下情形的登记可以不提交残留试验资料：

（1）用于非食用作物、非饲用作物的产品；

（2）豁免制定食品中最大残留限量的农药；

（3）原药为低毒或微毒种子处理剂（包括拌种剂、种衣剂、浸种用的制剂等）；

（4）原药（母药）为低毒或微毒的微生物农药、植物源农药、化学信息物质、天然植物生长调节剂、低毒或微毒的多糖类或蛋白质农药（经毒理学测定表明存在毒理学意义的，应按照农药登记评审委员会要求，提交农产品中该类物质的残留资料）；

（5）杀鼠剂（全面撒施的除外）、卫生杀虫剂不需要提交残留试验资料。

594. 农药产品豁免残留试验名单具体内容是什么？

答：以下农药产品可以豁免残留试验：矿物油、石硫合剂、硫磺、硅藻土、蜡质芽孢杆菌、苏云金杆菌、荧光假单胞杆菌、枯草芽孢杆菌、地衣芽孢杆菌、短隐杆菌、多粘类芽孢杆菌、放射土壤杆菌、木霉菌、白僵菌、淡紫拟青霉、厚孢轮枝菌、耳霉菌、绿僵菌、寡雄腐霉菌、菜青虫颗粒体病毒、茶尺蠖核型多角体病毒、松毛虫质型多角体病毒、甜菜夜蛾核型多角体病毒、黏虫颗粒体病毒、小菜蛾颗粒体病毒、斜纹夜蛾核型多角体病毒、棉铃虫核型多角体病毒、苜蓿银纹夜蛾核型多角体病毒、三十烷醇、赤霉酸、地中海实蝇引诱剂、聚半乳糖醛酸酶、烯腺嘌呤、苄氨基嘌呤、羟烯腺嘌呤、超敏蛋白、S-诱抗素、香菇多糖、几丁聚糖、葡聚烯糖、氨基寡糖素、解淀粉芽孢杆菌、甲基营养型芽孢杆菌、甘蓝夜蛾核型多角体病毒、极细链格孢激活蛋白、蝗虫微孢子虫、低聚糖素、小盾壳霉、Z-8-十二碳烯乙酯、E-8-十二碳烯乙酯、Z-8-十二碳烯醇、混合脂肪酸。

595. 登记作物为玫瑰或菊花的农药产品能减免残留试验吗？

答：根据登记评审规范，“鉴于我国许多观赏花卉食用同源现象比较普遍，为避免观赏花卉被食用或农药在食用作物上误用的潜在风险，以及观赏花卉、草坪、非耕地和林业等用药给接触人群带来暴露风险。”所以，拟申请登记作物为玫瑰或菊花的农药产品，登记资料应与大田作物登记资料同时申报，或者是已取得大田作物登记的农药产品，申请登记变更到玫瑰或菊花上。

已取得大田作物登记的产品，申请用于非食用作物、非饲用作物的不需要提供残留试验资料。因此，观赏玫瑰和观赏菊花等非食用作物可减免残留资料。对于申请用于食用或饮用玫瑰或菊花作物上的产品，应根据《农药登记资料要求》提交相应的残留资料。

596. 有效成分已过保护期，但申请新使用范围可以减免残留资料吗？

答：不可以。根据《农药登记资料要求》，对于申请新使用范围登记的农药，需要按要求提供相应残留资料。

597. 低毒或微毒种子处理剂不需要提供残留资料，是指原药的毒性还是制剂的毒性？

答：指原药毒性。

598. 混配种子处理剂，其中一个有效成分中等毒，其他微毒，只需做中等毒有效成分的残留试验吗？

答：是的。根据《农药登记资料要求》，原药低毒或微毒种子处理剂（包括拌种剂、种衣剂、浸种用的制剂等），不需要提供残留试验资料。因此，一个有效成分中等毒的混配种子处理剂，仅需提供有效成分为中等毒的残留试验资料。

599. 不需要提供农作物中农药残留资料的产品，可以不提供残留分析方法报告吗？

答：可以。根据《农药登记资料要求》，不需要提供农作物中农药残留试验资料的产品，不需提供残留分析方法报告。

600. 什么情况下不需要提交膳食风险评估报告？

答：对于不需要提交残留试验报告的农药登记品种（如登记用于非耕地、森林等非食用或非饲料作物的农药产品），不需要提交膳食风险评估报告。

601. 不涉及动物饲料作物，膳食风险评估可以不评估动物饲喂试验吗？

答：可以。如果登记作物不涉及动物饲料，膳食风险评估可以省略动物饲喂试验评价。依据《农药登记资料要求》，如登记作物不涉及作为动物饲料，可不提交动物代谢资料。

602. 不需要进行加工农产品残留试验的，膳食风险评估中可以省略加工过程评价吗？

答：可以。不需要进行加工农产品残留试验的，膳食风险评估可以省略加工过程评价。依据《农药登记资料要求》，加工农产品需要提交农药残留试验资料。

603. 膳食风险评估中，对代谢物如何进行评估？

答：根据《农药登记资料要求》《食品中农药残留风险评估指南》，膳食风险评估报告中，代谢物一般不需要单独进行评估，而是折合成母体后一起进行评估。如果申请登记农药的代谢物为某一农药，则母体和代谢物应当同时分别进行评估。

604. 短期膳食摄入风险按照什么准则进行评估？

答：鉴于目前还没有短期摄入量值，暂不需要开展短期膳食风险评估。

605. 烟草需要做膳食风险评估报告吗？

答：烟草不需要膳食风险评估报告。

606. 如何开展三元复配制剂膳食风险评估？

答：依据《食品中农药残留风险评估指南》要求进行，分别对三元复配制剂的每个有效成分进行膳食风险评估。膳食评估风险报告可出具三份，也可在一份报告中依次评估。

607. 动物代谢试验、加工过程评价和动物饲喂试验，风险评估报告如何编制？

答：按照中华人民共和国农业部第2308号公告《食品中农药残留风险评估指南》要求对动物代谢试验和加工过程进行评价，但不需要对动物饲喂试验进行评价。

608. 对于手性农药残留怎样检测和进行膳食风险评估评估？

答：应根据其农药残留定义确定检测方法，例如精甲霜灵的残留定义为甲霜灵，茚虫威的残留定义为茚虫威（S体）和其R体之和，所以不需要手性拆分后检测。膳食风险评估时，精甲霜灵可使用甲霜灵的ADI进行膳食风险评估。

609. 使用范围和使用方法相同的相同制剂，是否可以申请减免产品的膳食风险评估？

答：可以减免。根据《农药登记资料要求》，申请使用范围和使用方法相同的相同制剂登记，不需要提供膳食风险评估报告。

610. 代谢物信息不全，是否可以不评估？

答：不可以。应根据《食品中农药残留风险评估指南》要求进行全面的评估，应对现有的数据信息进行分析评估。

611. 在膳食风险评估时，如果申请登记的作物 GB 2763 标准已经制定了残留限量，是否还需考虑限量？

答：需要考虑。在膳食风险评估时应依据《食品中农药残留风险评估指南》要求进行全面的评估，可以将国标 GB 2763 的最大残留限量作为评价依据，给出评估结论。

第七部分：环境影响

612. 拟申请登记的农药什么情况下可判断为对某种环境生物接触的可能性极低，并可申请减免相应的环境影响试验资料？

答：应有充分资料表明其在按照推荐的使用方法使用后，与环境有益生物接触的可能性非常小，如树干注射或涂抹的农药，仅在室内环境使用的制剂（如用于马铃薯采收后抑芽的制剂）。申请减免环境影响试验资料时，应提供相应的证明材料，如仅用于池塘、河流、湖泊等水体；仅用于保护地；仅用于旱地作物、草原、森林等。

613. 矿物油、硫磺（含石硫合剂）可否减免环境影响试验资料？

答：可以减免，但与化学农药混配的不可减免。

614. 铜制剂可否减免环境影响试验资料？

答：无机铜农药可减免环境归趋试验资料，但不能减免生态毒理试验资料；有机铜类农药环境归趋和生态毒理试验资料均不能减免。

615. 昆虫信息素可否减免环境影响试验资料？

答：对于仅在诱捕器中使用的引诱剂和仅在挥散芯中使用的具昆虫交配迷向作用的信息素，可以申请减免环境影响试验资料，但喷雾使用的制剂不可减免。

616. 相对于本企业已登记产品的新含量、新剂型、新混配制剂，是否可以减免环境影响试验资料和环境风险评估报告？

答：对于相对于本企业已登记产品的新含量、新剂型、新混配制剂产品，应按《农药登记资料要求》提供环境影响试验资料。但当使用剂量和施药次数不多于本企业已登记产品，施药间隔不短于本企业已登记产品，以及生态毒性不高于本企业已登记产品时，可申请减免环境风险评估报告。

617. 种子处理剂、颗粒剂、土壤处理剂等非喷雾使用的制剂可以减免哪些环境试验资料？

答：相对于常规喷雾的施药方式，可减免对蜜蜂、家蚕、捕食性和寄生性天敌等生物的毒性试验资料。

618. 用于池塘、河流、湖泊等水体的制剂（如用于莲藕的制剂）可以减免哪些环境试验资料？

答：可减免对蜜蜂、家蚕、（捕食性和寄生性）天敌、蚯蚓等生物的毒性试验资料。

619. 灌根、滴灌等施药方式的制剂可以减免哪些试验资料？

答：可参考种子处理剂、颗粒剂等非喷雾使用的制剂，减免对蜜蜂、家蚕、捕食性和寄生性天敌等生物的毒性试验资料。

620. 如果根据产品特性可以申请减免部分非靶标生物的生态毒性试验资料，环境风险评估时是否还需要评估对这几项非靶标生物的影响？

答：对于申请减免生态毒性试验资料的非靶标生物，通常可相应地减免其风险评估资料。但对于内吸性种子处理剂、颗粒剂等非喷雾使用的制剂，当申请用于蜜源或粉源植物时，需要使用原药数据评估其对蜜蜂的风险。

621. 原药数据资料应使用查询资料还是应由原药来源企业提供？

答：应优先提供该制剂产品原药来源企业的环境影响试验数据，确实无法提供的可提供权威官方网站的查询数据并注明出处。

622. 化学农药制剂登记资料要求释义中提到：当原药试验结果表明对鱼、藻、溞三种中的一种为敏感种，制剂可选择敏感种进行试验，是否可依据查询原药的毒性试验数据进行判断？

答：本释义特指依据“原药试验结果”，不能通过查询数据进行判断。无法提供该制剂产品原药来源企业的环境试验数据时，需对鱼、藻、溞分别开展试验。

623. 卫生用农药扩作大田农药是否还需要提交环境和毒理报告？

答：应按大田农药的登记资料要求提供资料，原已完成的试验项目仍可使用。

624. 对于扩大使用范围的产品，是否需要补充捕食性天敌的毒性数据？

答：若扩大使用范围未涉及新的使用范围、未增加新的风险点，无需补充捕食性天敌的毒性数据，否则，应提供。

625. 环境风险评估中如何获得所需的原药数据？

答：应优先使用原药生产企业相关试验数据，无法从原药生产企业获取数据时，也可使用权威官方网站的查询数据并注明出处。

626. 农药在土壤和水-沉积物中的代谢试验可以委托哪些单位开展？

答：农药在环境中的代谢试验应委托农业农村部认定的具有环境归趋B类试验资质的农药登记试验单位开展。

627. 母药由本企业已登记原药加工而来的以及相同产品是否可减免环境资料？

答：母药由本企业已登记原药加工而来的以及相同产品均可减免环境资料。

628. 农药登记试验备案阶段是否需要提交初级阶段环境风险评估结果？

答：试验备案阶段无须提供初级阶段环境风险评估结果。

629. 不涉及新使用范围的植物源制剂从大田扩作登记到林业需要补充环境试验资料吗？

答：该情形属已登记农药扩大使用范围，不涉及新使用范围，无须补充环境试验资料。

630. 哪些扩大使用范围登记情况可以认定为“没有出现新的风险点”？

答：新的风险点主要是指扩大使用范围后，药剂暴露接触的环境有益生物的种类发生了显著变化，如原来仅在室内使用的药剂扩作到大田使用、原来在保护地使用的药剂扩作到大田使用，均属于出现了新的风险点；若原来登记在水稻纹枯病上的药剂，现扩作到小麦赤霉病，暴露接触的环境有益生物种类未发生显著变化，属于未增加新的风险点，如果不是新使用范围就不需要补充捕食性天敌试验资料和环境风险评估报告。

631. 新政策前在水稻上取得登记，现扩作至直播稻上，需要环境风险评估吗？

答：此情形下一般无须提交环境风险评估报告。如果属新使用范围，则需要进行环境风险评估。

632. 没有国标测试方法的试验在中国农药登记，能否使用OECD报告？

答：没有国标但有农业行业标准的，可按行标开展试验；没有国标、行标的，可以按OECD试验准则开展试验。国外实验室出具的试验报告，须满足《农药登记管理办法》第十六条的要求。

633. 风险评估结果显示某产品风险不可接受，如有合理规避措施，是否可以通过？

答：风险评估结果显示某产品风险不可接受，如有合理的、具可操作性的风险管理措施，经评估后风险可控的，可以同意其登记。

634. 饵剂和用于保护地的农药环境风险评估需要评估哪几项？

答：仅在室内使用的杀蟑饵剂无须提供环境风险评估报告：杀鼠剂毒饵、在室外环境使用的杀蚁饵剂应评估其对鸟类的风险。用于保护地的制剂，需评估其对土壤生物的风险。

635. 一个农药制剂不申请在水田登记使用还需要评估对水生生物的风险吗？

答：只要具有暴露的可能性，均需评估对水生生物的风险。比如，登记在旱田使用的农药可通过地表径流和漂移等途径造成对地表水体的污染，对水生生物存在暴露风险，因而需要评估对水生生物的风险。但在旱田地表水暴露模型正式发布前，在旱田使用的农药不要求提供对水生生态系统的风险评估报告。

636. 当申请使用方法变更时，什么情况下需要提供环境风险评估报告？

答：当使用方法变更可能导致环境风险增加时，需要提供。

637. 仅在保护地使用的制剂可以减免哪些生态毒性试验资料？

答：仅在保护地使用的制剂可减免鸟类急性经口、鱼类急性毒性、大型溞急性毒性、绿藻生长试验、蜜蜂急性经口、蜜蜂急性接触、家蚕急性毒性、寄生性天敌急性毒性、捕食性天敌急性毒性等 9 项试验资料，仅需提供蚯蚓急性毒性试验资料。

638. 相似制剂登记可以减免哪些环境资料？

答：相似制剂可减免鸟类急性经口试验（种子处理剂，以及使用方式为撒施的颗粒剂、饵剂除外）、绿藻生长抑制试验、蜜蜂急性接触毒性试验、家蚕急性毒性试验、寄生性天敌急性毒性试验、捕食性天敌急性毒性试验，以及环境风险评估报告。

639. 非相同原药可以减免哪些环境试验？

答：非相同原药可以减免水解、水中光解、土壤表面光解、土壤好氧代谢、土壤厌氧代谢、水-沉积物系统好氧代谢、土壤吸附（淋溶）等环境试验资料。

640. 鱼类急性毒性试验的方法有哪几种？根据什么来确定试验方法？

答：鱼类急性毒性试验方法有静态法、半静态法、流水式试验法三种，应根据供试物的特性确定试验方法。如使用静态法，应确保试验期间试验药液中被试物浓度不低于初始浓度的 80%；半静态法试验期间试验药液中被试物浓度低于初始浓度的 80%时，应以实测浓度的几何平均值计算 LC_{50}，此时建议采用流水式试验方法。

641. 鱼类急性毒性试验推荐的鱼种有哪些？制剂试验应选择哪一种鱼？

答：推荐鱼种包括斑马鱼、鲤鱼、虹鳟、青鳉、稀有鮈鲫等。制剂试验时，应选择原药试验中较敏感的一种鱼，无法确定时可任选一种。

642. 微生物农药对鱼类毒性试验结束时要求计算致死毒性或者致病毒性，两者如何选择？

答：按照试验准则，当最大剂量试验表明死亡（病变）率大于 50%时，应进行剂量效应试验和致病性试验，在剂量效应试验中计算 LC_{50}，致病性试验旨在证实微生物对鱼的致病能力。

643. 鱼类试验准则中限度试验要求“未见死亡”如何解读？

答：处理组中受试鱼死亡数≤10%，或处理组中受试鱼数量少于 10 尾而死亡数≤1 尾时，可满足限度试验要求。

644. 藻类生长抑制试验推荐使用的藻种有哪些？选用斜纹栅藻是否可行？

答：建议采用试验准则中推荐的物种，例如普通小球藻、斜生栅列藻或羊角月牙藻等，但原则上也可使用其他敏感性合适的绿藻品种。

645. 藻类生长抑制试验中与藻细胞数量增长相关的质量控制要求是什么？

答：试验开始后 72 小时内，对照组藻细胞浓度应至少增加 16 倍。

646. 溞类急性活动抑制试验推荐使用哪种溞？

答：主要推荐使用大型溞（*Daphnia magna*）。

647. 溞类急性活动抑制试验中对参比物试验的质量控制要求是什么？

答：参比物重铬酸钾对大型溞 24 小时的 EC_{50}应处于 0.6～2.1 毫克/升范围。

648. 水生试验中，以溶解度上限作为试验浓度时，死亡率＜50%，判定 LC_{50}＞溶解度上限是否可接受？

答：预实验阶段应安排进行溶解度试验，以确定在试验条件下供试物达到饱和浓度（最大溶解度）的最佳配制方法，包括直接溶解法、水溶性溶剂助溶法等。使用助溶剂对提高水中溶解浓度作用不大时，优先使用直接溶解法。最大溶解度浓度下死亡率（或抑制率）＜50%，可以按限度试验进行。以溶解度上限作为限度试验浓度时，死亡率＜50%，可判定 LC_{50}＞溶解度上限。

649. 微囊悬浮剂是否可以直接进行试验？缓释的组分如何测定？

答：微囊悬浮剂可以直接进行试验。（囊内）缓释的组分需分别测定游离态和全部态浓度。

650. 化学农药制剂登记是否要求用代谢产物开展鱼、溞、藻等试验？

答：化学农药制剂的环境影响资料要求中未要求提交代谢物对上述非靶标生物的毒性试验资料。

651. 鸟类急性经口毒性试验规定，限度试验未出现死亡，判定供试物为低毒，而风险评估限度试验的外推系数允许供试动物出现死亡，两者如何理解？

答：鸟类急性经口毒性限度试验中，允许处理组出现不超过 10%的死亡率，而非零死亡。

652. 蚯蚓急性毒性试验推荐使用何种参比物质？有何质量控制要求？

答：蚯蚓急性毒性试验的参比物质为氯乙酰胺，要求其对蚯蚓 14 天内的 LC_{50} 应在 20～80 毫克（a. i. ）/千克（干土）范围。

653. 蜜蜂急性毒性试验中，能配制到的最高浓度组蜜蜂死亡率还是低于 50%，如何判定试验终点？

答：对于低含量制剂，可根据实际情况设置一个能配制到的最高试验浓度，若该浓度下死亡率仍＜50%，则试验结果可表示为：LD_{50} 设定浓度。

654. 蜜蜂经口限度试验是否应满足实际染毒剂量大于 100 微克（a. i. ）/蜂才算限度试验成功？在试验延长观察时，最终的毒性试验结果是否可应用于毒级判断？

答：如无特殊原因，限度试验的浓度须为 100 微克（a. i. ）/蜂，否则应解释原因。延长观察后的试验结果，可以用于毒性等级判断。

655. 蜜蜂急性经口毒性试验中，最高剂量组的实际摄食量和死亡率均比低一级的剂量组要小，那么计算 LD_{50} 时可否弃用最高剂量组？

答：试验报告如实记录，并采用含最高剂量和不含最高剂量的试验数据分别计算 LD_{50}。

656. 颗粒剂是否需要开展蜜蜂的相关试验？

答：颗粒剂无须开展蜜蜂毒性试验。

657. 瓢虫急性接触毒性试验中，限度试验的上限剂量如何设置？

答：瓢虫（天敌）急性接触毒性试验中，限度试验的上限剂量设置为供试物田间最大推荐有效剂量乘以多次施药因子（MAF），MAF 可选取默认值 3。也可根据 NY/T 2882.7《农药登记　环境风险评估指南　第 7 部分：非靶标节肢动物》的规定进行计算设置。

658. 氮转化试验应至少持续多长时间？如需延长试验，最长不超过多少天？

答：氮转化试验应至少持续 28 天。如需延长试验，最长不超过 100 天。

659. 农药吸附/解吸附试验（批平衡法）中，应如何选择供试土壤？

答：农药吸附/解吸附试验中，通常推荐采用红壤土、水稻土、黑土、潮土、褐土等5类土壤为供试土壤。供试土壤的选择一般需满足一定的条件，具体参见相关试验准则。在代表性地区采集上述土壤中的4种农田耕层土壤，经风干、过筛后在室温条件下储存，并测定土壤含水率、pH、有机质、阳离子代换量和机械组成。若土壤保存期超过3年，应重新测定pH、有机质、阳离子代换量等参数。

660. 土壤吸附试验中，何种情况下应同时检测水和土壤中的农药的浓度？

答：满足以下情况之一时需同时检测水和土壤中的农药浓度：

（1）农药吸附性过强或过弱导致水或土壤中农药含量极低；

（2）测得的 K_d 值小于0.3；

（3）试验期间供试物不稳定（土壤和水中的供试物母体总量减少至初始添加量的90%以下）；

（4）供试物在容器内壁或滤膜上有吸附。

661. 测定供试物在土壤中的 K_{OC} 的方法有哪些及其适用范围？

答：测定供试物在土壤中的 K_{OC} 的方法主要包括以下3种：

（1）批平衡法（GB/T 31270.4/OECD 106） 配制5组以上的农药- $CaCl_2$ 水溶液，按一定比例与土壤混合，充分振荡至达到吸附平衡，测定水相和（或）土相中农药的浓度，求出 K_f 和 K_{OC}。

（2）柱淋溶法（GB/T 31270.5/OECD 312） 制备土柱，在顶端添加农药，灌水，切段，分别测定各段土壤中农药的浓度，计算 K_f，估算 K_{OC}。

（3）HPLC法（GB/T 27860/OECD 121） 与多种已知 K_{OC} 的参照物一同进样，色谱柱为氰基柱，以参照物的 $\lg K_{OC}$ 和 $\lg k'$（容量因子 k' ＝调整保留时间/死时间）建立标准曲线，根据供试物的容量因子估算出 K_{OC}。

上述3种方法的适用范围分别为：①批平衡法：最准确，但不适用于在土壤中吸附率过低或过高的农药；②柱淋溶/薄层层析法：适用于在土壤中吸附率较低的农药；③HPLC法：最不准确，适用于在土壤和水中不稳定的农药。

662. 水-沉积物系统代谢试验中沉积物体系应满足什么条件？

答：应至少使用2种水-沉积物系统，1种沉积物为细质地（“黏粒＋粉粒”的含量＞50%），且具有较高的有机碳含量；另1种沉积物为粗质地（“黏粒＋粉粒”的含量＜50％），且具有较低的有机碳含量。2 种沉积物的有机质含量差异不小于 2％，“黏粒＋粉粒”成分含量差异不小于 20％。应从厚度在 5～10 厘米的沉积物层采集供试沉积物，且同时在同一处采样点采集相关水样。

663. 如何设置水-沉积物试验的初始浓度?

答：直接用于水体的供试物，用推荐的最大使用剂量与培养瓶的水相表层面积推算初始供试物浓度。当初始供试物浓度接近最低检测限时，可适当提高添加量。

664. 农药相关代谢物是否需要满足大于 10％和对人有显著毒性两个条件?

答：农药相关代谢物通常指对人类具有显著毒性的主要代谢物，而农药主要代谢物是指农药使用后，在作物中、动物体内、环境（土壤、水和沉积物）中的，摩尔分数或放射性强度比例大于 10％的代谢物。因此，在农药环境风险评估中所关注的代谢物应是满足了大于 10％和对人有显著毒性这两个条件的。

665. 水生生态系统、地下水及土壤生物风险评估需考虑何种降解途径下的代谢物?

答：根据场景特点：

（1）地下水和土壤生物　主要考虑土壤好氧代谢产物；但水田用药无需评估代谢物对土壤生物的风险。

（2）水生生态系统　主要评估土壤（好氧＋厌氧）和水-沉积物系统中的代谢产物。

666. 代谢物的施用量如何计算?

答：代谢物的用量＝母体用量×（代谢物分子量/母体分子量）×代谢物转化率。

667. 水生生态系统风险评估中，主要代谢物和母体一样都需要逐日模拟潜在施药时段内的预测暴露浓度（PEC）吗？地下水暴露模拟时，如果潜在施药时段很长，是否需要每日都模拟?

答：（1）水生生态系统风险评估中，应对施药时段内的每一天进行施药模拟，分别获得不同日期施药后母体和主要代谢物的 PEC。

（2）地下水暴露模拟时，如果施药时段较长，则无须每日计算，可间隔一定日期进行计算（如10天、20天或30天）。

668. 新农药原药环境归趋试验涉及主要代谢物的试验项目中，主要代谢物从哪里来？

答：来自土壤好氧代谢、土壤厌氧代谢、水-沉积物系统好氧代谢等3个途径的代谢试验。

669. 环境风险评估中，是否可以使用制剂的数据作为风险评估数据？是否需要对代谢物评估？如未能获取代谢物试验资料，能否用原药的数据代替？

答：环境风险评估中可以使用制剂的数据；根据NY/T 2882的要求，原则上应评估主要代谢物对水生生态系统的风险，以及相关代谢物对地下水的风险；原药与代谢物的数据不同，不能直接用原药数据代替代谢物数据。如代谢物信息不全，可仅根据现有的信息评估。

670. 风险评估暴露模型中，代谢产物是与母体一起评估，还是分别评估？

答：（1）采用环境暴露模型预测PEC时：①China-PEARL模型可以同时输入母体和代谢物，并计算出母体和代谢物的PEC；②TOP-RICE模型可以同时输入母体和代谢物，但仅地下水部分会输出代谢物的PEC。开展水生生态系统评估时，需将母体和代谢物分别进行评估，对代谢物单独运行模型模拟。

（2）进行风险表征时：①地下水部分，如果代谢物具有推荐的ADI值，需分别对母体和代谢物进行表征，否则应根据分子量折算为母体再进行表征；②水生生态系统部分，需分别表征。

671. “TOP-RICE”模型运算中对施药时间如何确定？

答：根据申请登记的防治对象确定防治时间及施药时间，如稻瘟病防治分为早期和末期，两个防治阶段均需评估。

672. 在应用TOP-RICE进行模拟时，不同pH条件下溶解度不同，如何取值？

答：保守考虑，选择最大值。

673. K_{foc}和K_{oc}有什么区别？

答：依照试验准则，通常所说的K_{OC}，就是指K_{fOC}。

674. 登记作物为水稻时，是否需要土壤生物风险评估？

答：根据水田暴露特点，无须评估土壤生物风险。

675. 应选择什么模型进行水生生态系统的暴露分析？分析时池塘水和稻田水中的降解半衰期的输入值如何选取？

答：当农药用于水稻，选择 TOP-RICE 模型进行水生生态系统的暴露分析。初级评估中，在池塘水和稻田水中的降解半衰期均选择 3 个 pH 条件下水解半衰期的最大值。高级评估中，在池塘水和稻田水中的降解半衰期均可选择水-沉积物降解试验中的水层消散半衰期。当施药时间为水稻分蘖期及分蘖期之前时，还可选择水中光解半衰期，并应将试验条件下的半衰期折算为自然光下的半衰期。

676. 水生生态系统的初级效应分析中，当同一物种具有多个毒性终点时如何确定毒性终点？当有多个物种的数据但不足以进行 SSD 分析时，如何确定毒性终点？

答：当同一物种具有多个毒性终点，且毒性差异不显著（5 倍）时取几何平均值；当有多个物种的数据但不足以进行 SSD 分析时，计算同一分类下所有物种数据的几何平均值。

677. 水生生态系统的初级效应分析中，当某一制剂的毒性相对原药或其他剂型显著（5 倍）增加或降低毒性时，毒性终点值如何选取？

答：当某一制剂的毒性相对原药或其他剂型显著（5 倍）增加或降低毒性时，使用该制剂的毒性终点评估该制剂对水生生态系统的风险。

678. 国外的缓冲带和飘移降低装置是否可作为风险降低措施？

答：这两种方式在国内均难以执行，原则上不考虑其作为国内的风险降低措施。

679. TOP-RICE 模型没有施药次数的输入，可以按总用药量这种最糟糕的情况来进行计算吗？

答：TOP-RICE 模型中可以输入施药次数的，应按推荐的使用次数和用量输入进行计算。

680. 开展农药对鸟类的风险评估时，暴露途径有哪几种，分别用来评估何种风险？

答：共有 4 种暴露途径，具体包括：

（1）农药喷雾　评估鸟在喷施农药场景下摄食造成的风险。

（2）种子处理　评估鸟类将经农药处理的种子当作食物摄取引起的风险。

（3）撒施颗粒剂　评估鸟类将颗粒剂当作沙砾或土壤构成摄取引起的风险。

（4）投放毒饵　评估鸟类摄取杀鼠剂等毒饵的一次中毒风险和摄食食用过杀鼠剂的啮齿类动物引起的二次中毒风险。

681. 农药喷雾暴露场景中裸土、果园、草地和粮谷类分别选择哪种鸟类作为指示物种？

答：开展农药对鸟类的风险评估时，农药喷雾暴露场景中，裸土选择小型食谷鸟类作为指示物种；果园选择小型食虫鸟类作为指示物种；草地选择小型食草鸟类作为指示物种；粮谷类选择小型杂食鸟类作为指示物种。

682. 在鸟类风险评估中，急性、短期、长期暴露风险都要进行评估吗？

答：需分别进行风险评估。

683. 颗粒剂单粒重量怎么获得？

答：需要企业实际测量。如果颗粒剂大小在准则指定区间范围内，可以取平均值；如跨越两个区间，需考虑相应重量比例。

684. 开展蜜蜂风险评估时，喷施、土壤或种子处理场景毒性终点值如何分别选取？

答：（1）开展农药对蜜蜂的风险评估时，喷施场景初级效应分析，使用蜜蜂急性经口或接触毒性中毒性较高的半致死剂量（LD_{50}）。当同时具备有效成分及其制剂产品的 LD_{50} 时，应选择毒性较高的数据。

（2）土壤或种子处理场景初级效应分析，选择有效成分对蜜蜂经口毒性数据终点 LD_{50}，不采用制剂的毒性数据终点值。

685. 农药对家蚕的风险评估中有哪些暴露场景？在飘移场景下开展高级暴露分析的原则是什么？

答：（1）开展农药对家蚕的风险评估时，有直接施药场景和飘移场景两种暴露场景。

（2）在飘移场景下开展高级暴露分析时，应首先考虑采用有效可行的风险降低措施，如采用最外围桑树作为隔离带等。当缺乏有效可行的风险降低措施时，也可参照直接施药场景的有关方法开展高级暴露分析。

686. 家蚕“次”外围桑树风险不可接受，仅采用风险降低措施是否可以？

答：可以，飘移场景下风险不可接受时，采用风险降低措施即可。

687. 农药对非靶标节肢动物的风险评估时如何选择暴露场景？如何选择代表物种？

答：非靶标节肢动物的风险评估设定了农田内暴露场景和农田外暴露场景两种情况。应选择对农药敏感的寄生性和捕食性的非靶标节肢动物各1种。

688. 在地下水的风险评估中，旱作和水稻田分别使用什么模型进行暴露分析？

答：当农药用于旱田时，应选择China-PEARL模型；当农药用于水稻田时，应选择TOP-RICE模型。

689. 在地下水的风险评估中效应分析的每日允许摄入量（ADI）如何获得？

答：可从NY/T 2874或GB 2763获得农药的每日允许摄入量（ADI），或根据中华人民共和国农业部公告2012年第1825号制定ADI。

690. 地下水模型输出的PEC结果均为0的情况是否正常？

答：需要根据原药的吸附和降解特性等综合判断。

691. 无机铜农药没有半衰期数据，是否可以减免地下水的风险评估？

答：不可减免。

692. 土壤生物风险评估模型中无果树类作物，如何选择作物？针对沟施产品，土壤深度是0.2米吗？

答：（1）没有相关作物时，模型的拦截系数选择0即可；

（2）针对沟施产品，土壤深度选择0.2米。

693. 土壤生物风险评估中，何种情况下需要开展慢性风险评估？

答：土壤生物的初级急性风险评估中，对蚯蚓等土壤生物初级急性风险RQ>1，或受试农药在土壤中有累积风险，即土壤降解半衰期或消散半衰期（DT_{50}）大于180天时，需要对土壤生物进行慢性效应评估。

694. 如果可以找到相对应的文献与类似的风险评估结果，是否可直接使用而不使用相应软件或模型？

答：不可以，环境风险评估应按NY/T 2882要求开展。

695. 在进行效应评估时，限度试验的结果是否可以作为终点数据？评估中使用到的数据是否要标明来源？

答：（1）限度试验的结果可以作为终点数据；

（2）评估中使用到的数据要标明来源，最好对所采用的数据进行截图。

696. 目前我国农药登记环境风险评估指南中风险商值的概念是什么？

答：风险商值（risk quient，RQ）是农药环境风险评估中用以表征风险大小的参数，为环境暴露浓度（或剂量）与预测无效应浓度（或剂量）的比值。

697. 农药环境风险评估程序包括哪4个过程？

答：农药环境风险评估程序包括问题阐述、暴露分析、效应分析、风险表征4个过程。

698. 对于混配制剂，如何使用评估模型以及如何开展风险评估？

答：（1）目前仍然参照已有的China-PEARL、TOP-RICE等模型对单个有效成分分别进行评估即可。

（2）混配制剂的环境风险评估指南尚未正式发布，目前仅需单独评估各有效成分。

699. 风险评估时缺少原药试验项目的情况如何解决？

答：可以使用查询的数据，但应注意数据的可靠性，并注明数据来源。当EFSA、EPA等权威机构有公开发布的评估报告时，应优先采用其中的数据。

700. 由于2甲4氯异丙胺盐没有原药登记，能否用2甲4氯的数据进行风险评估？

答：(1) 盐的溶解度、土壤吸附等理化和环境归趋数据不同，不宜直接使用。

(2) 如能确定其在环境中迅速解离为2甲4氯，可在运行模型时，使用2甲4氯的数据，并按分子量折算为2甲4氯的用量。

701. 如何对风险评估模型中未涵盖的作物进行评估？

答：(1) 可选择株高、根深、叶面积等相似的作物作为相似作物评估；

(2) 如不能确定的，可以运行全部已有作物，取最大值作为PEC；

(3) 农业农村部农药检定所会陆续增加作物并发布，申请者也可以提供该作物的相关数据至模型中进行运算。

702. 哪些情况下不需要提供环境风险评估报告？

答：相同、相似制剂产品；植物源农药、生物化学农药、微生物农药；不涉及新使用范围的扩作登记、降低使用剂量的变更登记等。

703. 哪些情况下需要提供环境风险评估报告？

答：化学农药制剂的以下情况需要提供环境风险评估报告，具体包括：扩大使用范围时，属于新使用范围需要提供；新农药、新使用范围、新使用方法需要提供；与本企业已登记产品比较，新剂型、新含量、新混配下风险有提高（例如用量有提高、毒性有增加、施药间隔有减少、施药次数有提高）的需要提供；使用方法变更时，可能导则环境风险增加时需要提供；增加使用剂量时需要提供。

704. 当某一主要代谢物对鱼和溞的急性毒性、对藻的毒性与农药母体相当（2倍以内）或高于农药母体时，在效应分析过程中还需要进一步分析主要代谢物对其他水生生物的毒性，具体包括哪些？

答：包括浮萍和/或穗状狐尾藻毒性，以及鱼或溞的慢性毒性。

705. 什么情况需要使用代谢物的环境慢性毒性试验数据来进行代谢物的水生生态系统风险评估？

答：当代谢物对鱼、溞的毒性高于母体时，需要使用代谢物本身的慢性毒性数据。

第八部分：标　　签

706. 什么是农药标签和说明书？

答：根据《农药标签和说明书管理办法》第三条规定，标签和说明书是指农药包装物上或者附于农药包装物的，以文字、图形、符号说明农药内容的一切说明物。

707. 农药标签应标注的内容有哪些？

答：根据《农药标签和说明书管理办法》第八条规定，农药标签应当标注下列内容：

（1）农药名称、剂型、有效成分及其含量；

（2）农药登记证号、产品质量标准号以及农药生产许可证号；

（3）农药类别及其颜色标志带、产品性能、毒性及其标识；

（4）使用范围、使用方法、剂量、使用技术要求和注意事项；

（5）中毒急救措施；

（6）储存和运输方法；

（7）生产日期、产品批号、质量保证期、净含量；

（8）农药登记证持有人名称及其联系方式；

（9）可追溯电子信息码；

（10）象形图；

（11）农业农村部要求标注的其他内容。

除第八条规定内容外，下列农药标签标注内容还应当符合相应要求：

①原药（母药）产品应当注明“本品是农药制剂加工的原材料，不得用于农作物或者其他场所。”且不标注使用技术和使用方法。但是，经登记批准允许直接使用的除外。

②限制使用农药应当标注“限制使用”字样，并注明对使用的特别限制和特殊要求。

③用于食用农产品的农药应当标注安全间隔期，但属于第十八条第三款所列情形的除外。

④杀鼠剂产品应当标注规定的杀鼠剂图形。

⑤直接使用的卫生用农药可以不标注特征颜色标志带。

⑥委托加工或者分装农药的标签还应当注明受托人的农药生产许可证号、受托人名称及其联系方式和加工、分装日期。

⑦向中国出口的农药可以不标注农药生产许可证号，应当标注其境外生产地，以及在中国设立的办事机构或者代理机构的名称及联系方式。

708. 标签中的注意事项应当标注哪些内容?

答：《农药标签和说明书管理办法》第二十条规定，注意事项应当标注以下内容：

（1）对农作物容易产生药害，或者对病虫容易产生抗性的，应当标明主要原因和预防方法；

（2）对人畜、周边作物或者植物、有益生物（如蜜蜂、鸟、蚕、蚯蚓、天敌及鱼、水蚤等水生生物）和环境容易产生不利影响的，应当明确说明，并标注使用时的预防措施、施用器械的清洗要求；

（3）已知与其他农药等物质不能混合使用的，应当标明；

（4）开启包装物时容易出现药剂撒漏或者人身伤害的，应当标明正确的开启方法；

（5）施用时应当采取的安全防护措施；

（6）国家规定禁止的使用范围或者使用方法等。

709. 怎样规范标注标签使用技术要求?

答：根据《农药标签和说明书管理办法》第十八条规定，使用技术要求主要包括施用条件、施药时期、次数、最多使用次数，对当茬作物、后茬作物的影响及预防措施，以及后茬仅能种植的作物或者后茬不能种植的作物、间隔时间等。限制使用农药，应当在标签上注明“施药后设立警示标志”，并明确人畜允许进入的间隔时间。

710. 中毒急救措施内容标注应注意的事项?

答：标签中毒急救措施标注内容应完整。根据《农药标签和说明书管理办法》第二十一条规定，中毒急救措施应当包括中毒症状及误食、吸入、眼睛溅入、皮肤沾附农药后的急救和治疗措施等内容。有专用解毒剂的，应当标明，并标注医疗建议。剧毒、高毒农药应当标明中毒急救咨询电话。

711. 原药（母药）需要标注质量保证期吗?

答：需要。《农药标签和说明书管理办法》第八条规定，农药标签应当标注质量保证期。因此，原药（母药）、制剂产品农药标签均应当标注质量保证期。

712. 农药标签上的生产日期怎样表示？

答：《农药标签和说明书管理办法》第十三条规定，生产日期应当按照年、月、日的顺序标注，年份用四位数字表示，月、日分别用两位数表示。

713. 质量保证期怎样表示？

答：《农药标签和说明书管理办法》第十四条规定，质量保证期应当规定在正常条件下的质量保证期限。质量保证期也可以用有效日期或者失效日期表示。

714. 原药（母药）产品需要标注使用技术和使用方法吗？

答：根据《农药标签和说明书管理办法》第九条规定，原药（母药）产品应当注明“本品是农药制剂加工的原材料，不得用于农作物或者其他场所。”且不标注使用技术和使用方法。但是，经登记批准允许直接使用的除外。例如，某些特殊原药（如敌百虫原药）直接使用的产品。

715. 标签中产品性能应包括哪些信息？

答：根据《农药标签和说明书管理办法》第十六条规定，产品性能主要包括产品的基本性质、主要功能、作用特点等。对农药产品性能的描述应当与农药登记批准的使用范围、使用方法相符。

716. 种子处理剂的使用剂量如何表示？

答：根据《农药标签和说明书管理办法》第十七条规定，种子处理剂的使用剂量采用每100千克种子使用该产品的制剂量表示。

717. 怎样区分标签的使用范围和使用方法？

答：根据《农药标签和说明书管理办法》第十七条规定，使用范围主要包括适用作物或者场所、防治对象。使用方法是指施用方式。

718. 限制使用的农药标签需要标注哪些信息？怎样标注？

答：根据《农药标签和说明书管理办法》第九条第二款规定，限制使用农药应当标注“限制使用”字样，并标注对使用的特别限制和特殊要求。

（1）“限制使用”字样，应当以红色标注在农药标签正面右上角或者左上角，并与背景颜色形成强烈反差，其单字面积不得小于农药名称的单字面积。

（2）在“使用技术和要求”栏目中，增加“施药后应设立警示标志，人畜在施药＊＊天后方可进入施药地点”内容。具体天数可以根据农药产品的特性相关试验结果，由登记证持有人自行真实、科学标注。

（3）在“注意事项”栏目中，标注国家规定禁止的使用范围或者使用方法。

甲拌磷、甲基异柳磷、克百威、灭多威、灭线磷、水胺硫磷、涕灭威、氧乐果、硫丹增加“不得用于防治卫生害虫，不得用于蔬菜、瓜果、茶叶、菌类、中草药材的生产，不得用于水生植物的病虫害防治”；

丁硫克百威、乐果、乙酰甲胺磷增加“禁止在蔬菜、瓜果、茶叶、菌类和中草药材作物上使用”；

毒死蜱、三唑磷增加“禁止在蔬菜上使用”；

丁酰肼增加“禁止在花生上使用”；

氟苯虫酰胺增加“禁止在水稻作物上使用”；

氰戊菊酯增加“禁止在茶树上使用”；

氟虫腈增加“禁止卫生用、玉米等部分旱田种子包衣剂外的其他作物使用”；

氯化苦增加“禁止用于土壤熏蒸外的其他用途”；

溴甲烷增加“禁止用于检疫熏蒸处理外的其他用途”；

百草枯增加“本品无特效解毒药，误服危险，病程漫长痛苦，可能危及生命”；

磷化铝增加“本产品采用内外双层包装，打开包装后没有使用完的产品，应注意双层密封。”

719. 如何规范标注农药标签毒性标识？

答：《农药标签和说明书管理办法》第十九条规定，农药毒性分为剧毒、高毒、中等毒、低毒、微毒五个级别，分别用“ 　”标识和“剧毒”字样、“ 　”标识和“高毒”字样、“ 　”标识和“中等毒”字样、“低毒”标识、“微毒”字样标注。标识应当为黑色，描述文字应当为红色。

由剧毒、高毒农药原药加工的制剂产品，其毒性级别与原药的最高毒性级别不一致时，应当同时以括号标明其所使用的原药的最高毒性级别。

720. 毒性为“低毒”和“微毒”的应如何标注？

答：《农药标签和说明书管理办法》第十九条规定，低毒仅用“低毒”标

识、微毒仅用“微毒”字样标注。标识应当为黑色，描述文字应当为红色。

721. 剧毒、高毒农药产品标签需要标明中毒急救咨询电话吗?

答：需要标明。《农药标签和说明书管理办法》第二十一条规定，剧毒、高毒农药应当标明中毒急救咨询电话。中毒急救咨询电话由企业自行标注。

722. 有解毒剂的农药，需要标注出来吗?

答：《农药标签和说明书管理办法》第二十一条规定，中毒急救措施应当包括中毒症状及误食、吸入、眼睛溅入、皮肤沾附农药后的急救和治疗措施等内容。有专用解毒剂的，应当标明，并标注医疗建议。

723. 储存和运输方法需要标注什么内容?

答：《农药标签和说明书管理办法》第二十二条规定，储存和运输方法标注内容应当包括储存时的光照、温度、湿度、通风等环境条件要求及装卸、运输时的注意事项，并标明“置于儿童接触不到的地方”“不能与食品、饮料、粮食、饲料等混合储存”等警示内容。

724. 农药类别应怎么表示?

答：《农药标签和说明书管理办法》第二十三条规定，农药类别应当采用相应的文字和特征颜色标志带表示，即在标签底部加一条与底边平行的、不褪色的特征颜色标志带。

725. 象形图有哪几种类型?

答：根据《农药标签和说明书管理办法》第二十五条规定，象形图包括储存象形图、操作象形图、忠告象形图、警告象形图。

726. 向中国出口的农药应标注哪些信息?

答：根据《农药标签和说明书管理办法》第八条、第九条规定，向中国出口的农药应当标注农药名称、剂型、有效成分及其含量；农药登记证号、产品质量标准号；农药类别及其颜色标志带、产品性能、毒性及其标识；使用范围、使用方法、剂量、使用技术要求和注意事项；中毒急救措施；储存和运输方法；生产日期、产品批号、质量保证期、净含量；农药登记证持有人名称及其联系方式；可追溯电子信息码；象形图；其境外生产地，以及在中国设立的办事机构或者代理机构的名称及联系方式；农业农村部要求标注的其他内容。

727. 委托加工的农药标签信息如何标注？有特殊要求吗？

答：委托加工的农药产品标签，应当按《农药标签和说明书管理办法》第八条规定，标注：农药名称、剂型、有效成分及其含量；农药登记证号、产品质量标准号以及农药生产许可证号；农药类别及其颜色标志带、产品性能、毒性及其标识；使用范围、使用方法、剂量、使用技术要求和注意事项；中毒急救措施；储存和运输方法；生产日期、产品批号、质量保证期、净含量；农药登记证持有人名称及其联系方式；可追溯电子信息码；象形图；农业农村部要求标注的其他内容。同时，按照《农药标签和说明书管理办法》第九条规定，委托加工或者分装农药的标签还应当注明受托人的农药生产许可证号、受托人名称及其联系方式和加工、分装日期。

向中国出口农药的企业，应依据农业部第2579号公告规定，自行建立或者委托其他机构建立农药产品追溯系统，制作、标注和管理农药标签二维码，确保通过追溯网址可查询该产品的生产批次、质量检验等信息。

728. 农药标签上的农药名称可以用化学名称或商品名吗？

答：不可以。根据《农药标签和说明书管理办法》规定，农药标签上的农药名称应当与农药登记证的农药名称一致。

729. 在什么情况下需要申请标签重新核准？

答：《农药标签和说明书管理办法》第三十八条规定，农药登记证持有人变更标签或者说明书有关产品安全性和有效性内容的，应当向农业农村部申请重新核准。第三十九条规定，农业农村部根据监测与评价结果等信息，可以要求农药登记证持有人修改标签和说明书，并重新核准。农药登记证载明事项发生变化的，农业农村部在作出准予农药登记变更决定的同时，对其农药标签予以重新核准。

730. 哪些属于自主标注信息？

答：《农药标签和说明书管理办法》第三十七条规定，农药生产许可证编号、生产日期、企业联系方式等产品证明性、企业相关性信息由企业自主标注，并对其真实性负责。例如：商标、象形图等。

731. 怎样查询已批准登记的电子标签？

答：已批准登记农药产品电子标签在中国农药信息网（http：//www.chinapesticide.org.cn）予以公布。可登录中国农药信息网的“数据中心”，进入“标签数据查询”，输入农药登记证号进行查询。公众点击“核准日期”或者“重新核准日期”可以查询到相应的标签核准内容。鉴于大部分标签核准日期难以查询，这部分电子标签核准日期以“/”表示。

732. 新改版的电子标签信息与核准标签不一致，需要重新申请核准标签吗？

答：根据《农药标签和说明书管理办法》第三十七条规定，如果是标签核准内容与上述规定不一致的，应申请标签重新核准。企业自主标注的内容不用重新核准。《农业农村部农药检定所关于改版核准标签内容公布版式的通知》（农药检（药政）函〔2019〕106号）规定，新标签和说明书管理办法对有些术语做了调整，企业可以按照新要求制作标签，不用重新核准标签。如果标签核准内容需要调整的，则需要重新核准。例如网上标签内容改版后，原来的“储存和运输”，现在改为“储存和运输方法”。

733. 企业更改地址，需要重新核准吗？

答：不需要。《农药标签和说明书管理办法》第三十七条规定，许可证书编号、生产日期、企业地址等产品证明性、企业相关性信息由企业自主标注，并对真实性负责。

734. 电子标签是不是不再公布企业自主标注的联系方式等产品证明性和企业相关性信息？

答：是的。根据《农业农村部农药检定所关于改版核准标签内容公布版式的通知》，按照新修订的《农药标签和说明书管理办法》，批准农药登记时，仅对标签的安全性、有效性内容予以核准，不再核准标签格式，以及由企业自主标注的产品证明性和企业相关性信息等。从2019年8月1日起，中国农药信息网公布的电子标签仅公布经核准的标签内容。

735. 电子标签改版后公布的内容有哪些？

答：根据《农药标签和说明书管理办法》，批准农药登记时，仅对标签的安全性、有效性内容予以核准。核准信息包括：

（1）农药登记证信息　包括农药登记证号、登记证持有人、农药名称、剂型、毒性及其标识、总有效成分含量、有效成分及其含量、使用范围和使用方法。

（2）安全性、有效性内容　包括产品性能、使用技术要求、注意事项、中毒急救措施、储存和运输方法、质量保证期。

（3）其他内容　包括备注、核准日期、重新核准日期。其中，备注信息主要包括标注“限制使用”字样、标注规定的杀鼠剂图形，以及某些农药的有效成分表示方式等。

736. 产品的电子标签是不是在申请农药登记或登记变更产品时同时提交？

答：是的。《农药标签和说明书管理办法》第四条规定，农药登记申请人应当在申请农药登记时提交农药标签样张及电子文档。附具说明书的农药，应当同时提交说明书样张及电子文档。按照《农业农村部农药检定所关于改版核准标签内容公布版式的通知》，申请人申请农药登记或农药登记变更时，应在中国农药数据监督管理平台（http：//www. chinapesticide. org. cn）提交电子标签，同意登记的，将核发新的标签，并发布电子标签。

737. 已登记产品标签不符合新修订的《农药标签和说明书管理办法》时，怎么办？

答：按现行《农药标签和说明书管理办法》规定，向农业农村部申请标签重新核准。

738. 标签和说明书重新核准后，能继续使用原标签和说明书吗？

答：根据《农药标签和说明书管理办法》第四十条规定，标签和说明书重新核准3个月后，生产或者委托加工、分装时不得继续使用原标签和说明书。

739. 家用卫生杀虫剂变更香型或香精种类，需要申请标签重新核准吗？

答：不需要。根据《农药标签和说明书管理办法》规定，农药登记证持有人变更标签或者说明书有关产品安全性和有效性内容的，应当向农业农村部申请重新核准。而家用卫生杀虫剂香型属于企业自主标注内容，不属于标签核准内容。

740. 农药标签修改了使用方法说明等内容，需要申请标签重新核准吗？

答：需要重新核准。根据《农药标签和说明书管理办法》第三十七条、三十八条规定，产品毒性、注意事项、技术要求等与农药产品安全性、有效性有关的标注内容经核准后不得擅自改变，农药登记证持有人变更标签或者说明书有关产品安全性和有效性内容的，应当向农业农村部申请重新核准。

741. 安全间隔期应放在标签上的哪个栏目?

答：用于食用农产品的农药，安全间隔期应放在“使用技术和要求”栏目。《农药标签和说明书管理办法》第十八条规定，使用技术要求主要包括施用条件、施药时期、次数、最多使用次数，对当茬作物、后茬作物的影响及预防措施，以及后茬仅能种植的作物或者后茬不能种植的作物、间隔时间等。

742. 哪些农药标签可以不标注安全间隔期?

答：根据《农药标签和说明书管理办法》第十八条规定，下列农药标签可以不标注安全间隔期：用于非食用作物的农药；拌种、包衣、浸种等用于种子处理的农药；用于非耕地（牧场除外）的农药；用于苗前土壤处理剂的农药；仅在农作物苗期使用一次的农药；非全面撒施使用的杀鼠剂；卫生用农药；其他特殊情形。

743. 哪些农药标签不能标注对作物病害有治疗作用?

答：丁聚糖、菇类蛋白多糖、低聚糖素、氨基寡糖素等多糖类农药，属于生物化学农药中的植物诱抗剂。此类农药与其他农药复配，农药标签上不得标注对作物病害有治疗作用的表述。

744. 已批准登记的限制使用农药的标签是否需要重新核准?

答：对于不符合《农药标签和说明书管理办法》规定的，需要予以重新核准。根据《农药标签和说明书管理办法》规定，限制使用农药应当标注“限制使用”字样，并注明对使用的特别限制和特殊要求，注明施药后设立警示标志，并明确人畜允许进入的间隔时间。

745. 限制使用农药，是否需要标注人畜允许进入的间隔时间?

答：《农药标签和说明书管理办法》第十八条第二款规定，限制使用农药，应当在标签上注明施药后设立警示标志，并明确人畜允许进入的间隔时间。企业应当在保证安全的情况下，根据产品的特性，标注允许进入的间隔时间。

746. 委托加工的农药产品标签需要重新核准吗?

答：不需要。根据《农药标签和说明书管理办法》第三十七条规定，企业联系方式等产品证明性、企业相关性信息由企业自主标注。委托加工产品标签需要标注的信息均属于自主标注的内容，真实性由企业负责，因此其标签不需要重新核准。

747. 委托加工或者分装的农药产品，是否可以仅在标签上标注农药登记证持有人的信息？

答：不可以。根据《农药标签和说明书管理办法》第九条规定，委托加工或者分装农药的标签还应当注明受托人的农药生产许可证号、受托人名称及其联系方式和加工、分装日期。

748. 如果制剂大包装中套2～3个小包装，如何设计才能符合农药标签管理规定？

答：《农药标签和说明书管理办法》第二十七条规定，每个农药最小包装应当印制或者贴有独立标签，不得与其他农药共用标签或者使用同一标签。因此，大包装中套有的每个小包装，都应印制或者贴有独立标签。

749. 使用的助剂产品，是否可以标注在标签上？

答：不可以。农药标签应按核准的标签内容进行印制，不得擅自改变经核准的与农药产品安全性、有效性有关的标注内容。批准登记时未允许与相关助剂同时使用的，在标签中不应标注与其他助剂一起使用等内容。

750. 标签中哪些信息属于虚假、误导使用者的内容？

答：根据《农药标签和说明书管理办法》第三十四条规定，有下列情形之一的，属于虚假、误导使用者的内容：误导使用者扩大使用范围、加大用药剂量或者改变使用方法的；卫生用农药标注适用于儿童、孕妇、过敏者等特殊人群的文字、符号、图形等；夸大产品性能及效果、虚假宣传、贬低其他产品或者与其他产品相比较，容易给使用者造成误解或者混淆的；利用任何单位或者个人的名义、形象作证明或者推荐的；含有保证高产、增产、铲除、根除等断言或者保证，含有速效等绝对化语言和表示的；含有保险公司保险、无效退款等承诺性语言的；其他虚假、误导使用者的内容。

751. 新制定的《农药管理条例》实施后，生产企业原来的标签还可以用吗？

答：《农药标签和说明书管理办法》第四十二条规定，现有产品标签或者说明书与本办法不符的，应当自2018年1月1日起使用符合本办法规定的标签和说明书。2018年1月1日以后生产的农药产品，其标签应当符合《农药标签和说明书管理办法》的规定。

752. 农药标签过小，附具说明书的，哪些内容必须标注在标签上？

答：根据《农药标签和说明书管理办法》第十条规定，农药标签过小，无法标注规定全部内容的，应当至少标注农药名称、有效成分含量、剂型、农药登记证号、净含量、生产日期、质量保证期等内容，同时附具说明书。说明书应当标注规定的全部内容。登记的使用范围较多，在标签中无法全部标注的，可以根据需要，在标签中标注部分使用范围，但应当附具说明书并标注全部使用范围。

753. 是不是每个农药产品都要求附具说明书？

答：不是的。当产品包装尺寸过小，标签无法标注《农药标签和说明书管理办法》规定的全部内容时，应当附具相应的说明书。说明书应当标注规定的全部内容。

754. 标签上的联系方式要写哪些内容？住所与厂址不同的，联系方式是否需要同时标注？

答：根据《农药标签和说明书管理办法》第十二条规定，联系方式包括农药登记证持有人、企业或者机构的住所和生产地的地址、邮政编码、联系电话、传真等。因此，对住所与生产厂址不同的，农药生产企业应当将两项信息同时标注，并对其真实性负责。

755. 标签上印制了象形图，可以取消文字说明吗？

答：不可以。根据《农药标签和说明书管理办法》第二十五条规定，象形图应当根据产品安全使用措施的需要选择，并按照产品实际使用的操作要求和顺序排列，但不得代替标签中必要的文字说明。

756. 标签特征标志带和描述农药类别的文字有什么要求？

答：《农药标签和说明书管理办法》第二十三条规定，农药类别应当采用相应的文字和特征颜色标志带表示。不同类别的农药采用在标签底部加一条与底边平行的、不褪色的特征颜色标志带表示。如除草剂用“除草剂”字样和绿色带表示；杀虫（螨、软体动物）剂用“杀虫剂”或者“杀螨剂”“杀软体动物剂”字样和红色带表示；杀菌（线虫）剂用“杀菌剂”或者“杀线虫剂”字样和黑色带表示；植物生长调节剂用“植物生长调节剂”字样和深黄色带表示；杀鼠剂用“杀鼠剂”字样和蓝色带表示；杀虫/杀菌剂用“杀虫/杀菌剂”字样、红色和黑色带表示。农药类别的描述文字应当镶嵌在标志带上，颜色与其形成明显反差。其他农药可以不标注特征颜色标志带。

757. 向中国出口的农药需要标注农药生产许可证号吗？

答：《农药标签和说明书管理办法》第九条第七款规定，向中国出口的农药可以不标注农药生产许可证号，应当标注其境外生产地，以及在中国设立的办事机构或者代理机构的名称及联系方式。

758. 向中国出口的农药，标签上需要标注农药产品的质量标准号吗？

答：根据《农药标签和说明书管理办法》第八、第十、第三十七条的规定，农药标签应当标注产品质量标准号。境内农药生产企业生产的农药，其标注的产品质量标准号，应当符合标准化法的相关规定；境外企业生产的农药，其产品质量标准经备案后，产品质量标准号由企业自主标注。农药登记证持有人应当对真实性负责。农药标签过小，无法标注规定全部内容的，要在说明书上标注。

759. 出口的农药产品，其标签是否需要符合《农药标签和说明书管理办法》？

答：只要是在中华人民共和国境内销售的农药产品，其标签和说明书都应符合《农药标签和说明书管理办法》。对于出口的农药产品，其产品标签标注的有关文字和内容，可按照出口到相应国家或地区的有关法律法规执行。

760. 标签和说明书可以同时使用汉语拼音或少数民族文字吗？

答：可以。《农药标签和说明书管理办法》第七条规定，标签和说明书应当使用国家公布的规范化汉字，可以同时使用汉语拼音或者其他文字。汉语拼音或少数民族文字表述的含义应当与汉字一致。

761. 杀鼠剂需要标注杀鼠剂图形吗？

答：需要。《农药标签和说明书管理办法》第九条第四款规定，杀鼠剂产品应当标注规定的杀鼠剂图形。

762. 说明书上企业可以印制广告进行宣传推广吗？

答：不可以。《农药标签和说明书管理办法》第二十六条规定，标签和说明书不得标注任何带有宣传、广告色彩的文字、符号、图形，不得标注企业获奖和荣誉称号。法律、法规或者规章另有规定的，从其规定。

763. 印制市场流通标签，标签上的汉字大小有什么要求吗?

答：《农药标签和说明书管理办法》第二十八条规定，标签上汉字的字体高度不得小于1.8毫米。

764. 制作印刷标签对农药名称有什么要求?

答：《农药标签和说明书管理办法》第二十九条规定，农药名称应当显著、突出，字体、字号、颜色应当一致，并符合以下要求：

（1）对于横版标签，应当在标签上部三分之一范围内中间位置显著标出；对于竖版标签，应当在标签右部三分之一范围内中间位置显著标出；

（2）不得使用草书、篆书等不易识别的字体，不得使用斜体、中空、阴影等形式对字体进行修饰；

（3）字体颜色应当与背景颜色形成强烈反差；

（4）除因包装尺寸的限制无法同行书写外，不得分行书写。

除“限制使用”字样外，标签其他文字内容的字号不得超过农药名称的字号。

765. 标签上最大的字号是哪些内容?

答：《农药标签和说明书管理办法》第三十一条、三十三条规定，标签上最大的字号首先应该是“限制使用”字样（限制使用农药标签），其应当大于或等于农药名称。因此，这两项内容的字号可以相同，作为标签上字号最大的内容。

766. 制作标签时对农药有效成分及其含量的标注有什么要求?

答：《农药标签和说明书管理办法》第三十条规定，有效成分及其含量应当醒目标注在农药名称的正下方（横版标签）或者正左方（竖版标签）相邻位置，字体高度不得小于农药名称的二分之一。

767. 直接使用的卫生用农药标签需要标注剂型吗?

答：《农药标签和说明书管理办法》第三十条规定，直接使用的卫生用农药可以不再标注剂型名称。

768. 标签中混配制剂的有效成分如何标注?

答：《农药标签和说明书管理办法》第三十条规定，混配制剂应当标注总有效成分含量以及各有效成分的中文通用名称和含量。各有效成分的中文通用名称及含量应当醒目标注在农药名称的正下方（横版标签）或者正左方（竖版标签），字体、字号、颜色应当一致，字体高度不得小于农药名称的二分之一。

769. 同一农药产品因包装规格不同，其标签设计有何规定？

答：农药标签应符合《农药标签和说明书管理办法》规定。对于包装规格不同的同一农药产品，设计印刷时除标签的版式、净含量可以不一致外，其他标注内容应完全一致。

770. 制作标签时毒性及其标识应当标注在哪个位置？

答：《农药标签和说明书管理办法》第三十二条规定，毒性及其标识应当标注在有效成分含量和剂型的正下方（横版标签）或者正左方（竖版标签），并与背景颜色形成强烈反差。

771. 象形图的格式有什么要求？

答：《农药标签和说明书管理办法》第三十二条规定，象形图应当用黑白两种颜色印刷，一般位于标签底部，其尺寸应当与标签的尺寸相协调。

772. 标签印刷制作时，安全间隔期及施药次数的字号必须大于使用技术要求的其他文字的字号吗？

答：是的。根据《农药标签和说明书管理办法》第三十二条规定，安全间隔期及施药次数应当醒目标注，字号大于使用技术要求的其他文字的字号。

773. 标签经登记核准后，能否加上背景颜色和有关图案？

答：《农药标签和说明书管理办法》第三十七条规定，产品毒性、注意事项、技术要求等与农药产品安全性、有效性有关的标注内容经核准后不得擅自改变；第二十九条规定，农药名称字体颜色应当与背景颜色形成强烈反差；第三十二条规定，毒性及其标识应当标注在有效成分含量和剂型的正下方（横版标签）或者正左方（竖版标签），并与背景颜色形成强烈反差；第三十三条规定，“限制使用”字样应当以红色标注在农药标签正面右上角或者左上角，并与背景颜色形成强烈反差，其字号不得小于农药名称的字号。

企业根据核准的农药标签内容印制实际生产用标签，可以根据市场需要，增加相应的背景颜色或图案。但增加的颜色应与标签文字内容形成鲜明反差。不得标注任何带有宣传、广告色彩的文字、符号、图形，不得标注企业获奖和荣誉称号。

774. 产品标签上可以标注“总经销”“总代理”的名称吗?

答：不可以。《农药标签和说明书管理办法》第八条规定，农药标签应当标注农药登记证持有人名称及其联系方式。第九条规定，委托加工或者分装农药的标签还应当注明受托人的农药生产许可证号、受托人名称及其联系方式和加工、分装日期；向中国出口的农药可以不标注农药生产许可证号，应当标注其境外生产地，以及在中国设立的办事机构或者代理机构的名称及联系方式。第三十六条规定，除本办法规定应当标注的农药登记证持有人、企业或者机构名称及其联系方式外，标签不得标注其他任何企业或者机构的名称及其联系方式。

775. 已注册的商标是否必须标注在标签的四角，面积不大于总面积九分之一吗?

答：是的。《农药标签和说明书管理办法》第三十一条规定，商标应当标注在标签的四角，所占面积不得超过标签面积的九分之一，其文字部分的单字面积不得大于农药名称的单字面积。

776. 产品标签上可以标注多个注册商标吗?

答：可以。《农药标签和说明书管理办法》未对标注注册商标数量作出特别规定，但规定：注册商标应当标注在标签的四角，所占面积不得超过标签面积的九分之一，其文字部分的字号不得大于农药名称的字号。

777. 横版标签有的分为三栏，对此种情形，商标是否可以放置在中间栏部分的四角?

答：不可以。《农药标签和说明书管理办法》规定，注册商标应当标注在标签的四角，对于分为三栏的横版标签，标签的四个角是指将标签平铺后，完整断面标签的四角，而不是中间部分的四角。

778. 企业可以将经其他企业授权使用的注册商标印制在标签上吗?

答：注册商标不属于标签核准内容，企业标注其他企业授权使用的注册商标，应对其真实性负责，遵守《中华人民共和国商标法》的规定，同时应当符合《农药标签和说明书管理办法》规定。

779. 农药名称或有效成分通用名称的字体字号颜色是否必须一致?

答：根据《农药标签和说明书管理办法》第二十九条规定，农药名称应当显著、突出，字体、字号、颜色应当一致。

780. 混配制剂的标签对有效成分及含量排版制作要求是什么？

答：《农药标签和说明书管理办法》第三十条规定，混配制剂应当标注总有效成分含量以及各有效成分的中文通用名称和含量。各有效成分的中文通用名称及含量应当醒目标注在农药名称的正下方（横版标签）或者正左方（竖版标签），字体、字号、颜色应当一致，字体高度不得小于农药名称的二分之一。

781. 标签上净含量标注的位置有何要求？可否标注在正面？

答：《农药标签和说明书管理办法》第十五条规定，净含量应当使用国家法定计量单位表示，如：克、毫升。特殊农药产品，可根据其特性以适当方式表示。净含量具体标注位置没有特殊规定，可以标注在标签的正面或反面。

782. 进口农药的标签是否需要符合《农药标签和说明书管理办法》？

答：是的。进口农药的标签和说明书必须符合我国的农药管理规定。根据《农药管理条例》第二十二条规定，农药包装应当符合国家有关规定，并印制或者贴有标签。农药标签应当按照国务院农业农村主管部门的规定，以中文标注农药的名称、剂型、有效成分及其含量、毒性及其标识、使用范围、使用方法和剂量、使用技术要求和注意事项、生产日期、可追溯电子信息码等内容。

783. 二维码内容有哪些？通过扫描二维码可识别显示哪些信息？

答：依据农业部第2579号公告，二维码内容由追溯网址、单元识别代码等组成。通过扫描二维码应当能够识别显示农药名称、登记证持有人名称等信息。

784. 标签上无二维码或二维码无法识别，是否属于标签不合格，如何处罚？

答：属于标签不合格。根据《农药管理条例》第二十二条规定，农药包装应标注可追溯电子信息码；《农药标签和说明书管理办法》第二十四条规定，可追溯电子信息码应当以二维码等形式标注，能够扫描识别农药名称、农药登记证持有人名称等信息。标签上无二维码或二维码无法识别，属于标签不合格产品。

《农药管理条例》第五十三条规定，生产的农药包装、标签、说明书不符合规定，由县级以上地方人民政府农业主管部门责令改正，没收违法所得、违法生产的产品和用于违法生产的原材料等，违法生产的产品货值金额不足1万元的，并处1万元以上2万元以下罚款，货值金额1万元以上的，并处货值金额2倍以上5倍以下罚款；拒不改正或者情节严重的，由发证机关吊销农药生产许可证和相应的农药登记证。

785. 2017年印制的农药标签没有二维码，还能继续使用吗？

答：《农药标签和说明书管理办法》第四十二条规定，现有产品标签或者说明书与本办法不符的，应当自2018年1月1日起使用符合本办法规定的标签和说明书。2017年12月31日之前生产的产品，标签可以按照老规定执行。在2018年1月1日以后生产的农药产品，其标签应当符合《农药标签和说明书管理办法》的规定。

786. 原药产品是否应标注二维码？

答：应当标注。《农药管理条例》规定，农药包装应标注可追溯电子信息码；《农药标签和说明书管理办法》第二十四条规定，可追溯电子信息码应当以二维码等形式标注。未对原药产品有特殊规定的，也应标注二维码。

787. 使用了二维码，还可以使用条形码吗？

答：农药产品标签上必须印有二维码。企业如果需要，可以同时印制二维码和条形码。

788. 二维码在标签上标注的具体位置有何要求？

答：《农药标签和说明书管理办法》及农业部2579号公告，并没有明确标签上二维码标注的具体位置要求。但是企业在印制二维码时，要保证二维码能扫描操作和识读，并在生产和流通的各个环节正常使用。

789. 添加二维码后，核准标签是否需要重新备案？

答：不需要。农药标签上的二维码属于自主标注的内容，添加二维码后不需要向农业农村部申请重新核准。

790. 农药标签上的二维码是一物一码、一品一码、一批一码，还是一剂型一码？

答：根据《农药标签和说明书管理办法》及农业部2579号公告，农药产品标签上的二维码应具有唯一性，一个二维码对应唯一一个销售包装单位。

791. 二维码可以粘贴在标签上吗?

答：不可以。《农药标签和说明书管理办法》第七条规定，标签和说明书的内容应当真实、规范、准确，不得擅自以粘贴、剪切、涂改等方式进行修改或者补充。因此，不可以以粘贴方式补充二维码。

第九部分：登记延续和再评价

792. 农药登记延续应该在什么时候提出申请？

答：根据《农药登记管理办法》第二十九条规定，有效期届满，需要继续生产农药或者向中国出口农药的，应当在有效期届满 90 日前向农业农村部申请农药登记延续。

建议企业在农药登记证有效期届满前 90～180 日间向农业农村部申请登记延续。

793. 登记延续申请日期是如何确定的？

答：以农业农村部行政审批综合办公系统中显示的申请日期为登记延续申请日期。

794. 申请登记延续需要提交哪些资料？

答：根据《农药登记资料要求》（农业部第 2569 号公告）和农业农村部第 222 号公告规定，申请登记延续需要提交以下资料：

（1）农药登记延续申请表（农药登记证复印件、有效期内生产许可证复印件）；

（2）最新备案的产品质量标准；

（3）综合性报告：农药产品生产、销售、使用情况，产品研究新进展及其他必要的相关情况说明。

对需要开展周期性评价的农药品种，应根据周期性评价要求，补充相应试验报告或查询资料。

795. 如何获得农药登记延续申请表？

答：登录中国农药数字监督管理平台（http：//www.icama.cn），在线申请农药登记延续后，系统自动生成申请表。

796. 提交登记延续的综合性报告应包括哪些内容？

答：应包括以下几项内容：

（1）产品年生产量、销售量（境内、出口）、销售额（境内、出口）、销售区域等；

（2）产品使用引发的抗性、药害、对天敌生物（或环境生物）影响、人畜安全事故、农药残留等情况；

（2）产品生产、销售和运输中需关注的安全问题；

（4）产品最新研究成果、试验报告及其他需要补充的情况说明；

（5）产品在监督抽查过程中整改落实情况；

（6）制剂产品应提交有效成分最大残留限量（MRL 值）与使用方法、剂量和施用次数的匹配情况。

797. 综合性报告中产品年生产量等资料应提供几年的数据？

答：5 年。申请人需要提供申请登记延续产品在最近 5 年中每年的生产量、销售量、销售额、销售区域等信息。

798. 未生产销售产品的登记延续是否需要提交综合性报告？

答：需要。如果申请产品的生产和销售数量为零，综合性报告中有关产品使用情况等内容可以不提供，但需说明原因。企业对情况说明的真实性负责。

799. 产品最新研究成果等情况的说明包含哪些内容？

答：主要包含申请人在前一个登记延续周期内产品的最新研究成果、试验报告等其他需要补充的情况。非必须提供的资料，可以根据登记延续的具体需要提供。

800. 农药登记延续申请有哪些办理方式？

答：有两种办理方式。网上申请或到农业农村部政务服务大厅申请均可。

801. 如何提交农药登记延续申请资料？

答：申请人可以登录农业农村部官网进行网上申请并邮寄相关纸质材料，也可以现场提交申请资料。有关信息如下：

接收单位：农业农村部政务服务大厅农药窗口；

联系电话：010－59191817/59191803；

办公地址：北京市朝阳区农展馆南里 11 号；

传真：010－59191808；

网址：http：//www.icama.cn。

802. 网上申请出现技术问题如何解决?

答：应向系统维护人员反映或电话咨询农业农村部政务服务大厅农药窗口，010－59191817/59191803。

特别提醒：由于农药登记延续的申请时限较短，申请人不可以盲目等待而不去咨询有关情况，要及时电话咨询，也可向省级农药管理部门求助，以免错过申请时限规定造成损失。

803. 企业的生产许可证不在有效状态下能否申请登记延续?

答：不能。

804. 农药登记延续评审未通过的可以申请复审吗?

答：不可以。根据《农药登记管理办法》第五章第三十二条规定，农业农村部对登记延续申请资料进行审查，在有效期届满前作出是否延续的决定。

农业农村部自作出决定之日起10日内，准予许可的，为申请人制作并送达加盖“中华人民共和国农业农村部农药审批专用章”的“农药登记证”；不予许可的，向申请人出具加盖“中华人民共和国农业农村部行政审批专用章”的办结通知书。

805. 新农药研制者可以申请其获准登记产品的登记延续吗?

答：可以。新农药研制者在农药登记证有效期届满90日前，可以按规定备齐必要的资料，向农业农村部申请其名下获准登记产品的登记延续。逾期未申请延续的，应当重新申请登记。

806. 可以同时申请农药产品登记延续和剂型变更吗?

答：可以。申请人如在申请产品登记延续时，同时提出农药登记变更，应作为两项独立的农药登记行政许可事项分别提出申请。主要原因如下：

剂型（或含量使用范围、毒性等）变更等农药登记变更和农药登记延续都属于农药登记行政许可事项，其承诺办理时限不同。其中剂型（或含量使用范围、毒性等）变更等农药登记变更为20个工作日（不包括技术审查时限，技术审查时限不超过6个月）；农药登记延续承诺办理时限为15个工作日（不包括技术审查时限，技术审查时限不超过2个月）。

由于承诺时限的不同，农药登记延续事项会先于农药登记变更办结。如办结通过，企业首先会收到登记有效期已处理但变更事项未变化的农药登记证，之后会再次收到登记有效期与变更事项都已处理的农药登记证。此时申请人将第一份农药登记证寄回农业农村部即可。

807. 哪几种情形的农药登记不予批准登记延续？

答：符合以下条件之一的，不予批准登记延续：

（1）国家有关部门规定的禁用、不新增或不再延续的农药产品。

（2）申请人被处以吊销“农药登记证”处罚不足5年的。

（3）申请人隐瞒有关情况或者提供虚假材料申请农药登记，作出不予受理或者不予批准决定不足1年的。

（4）申请人隐瞒有关情况或者提供虚假材料取得农药登记，被撤销“农药登记证”不足3年的。

（5）“农药登记证”有效期届满90日前未提出登记延续申请的。

（6）申请人被列入国家有关部门规定的严重失信单位名单并限制其取得行政许可的。

808. 农业农村部发布的哪些公告与农药登记延续有关？

答：目前仍在我国登记有效状态的农药产品中，农业农村部发布的以下公告与登记延续有关：

（1）根据农业农村部2445号公告（2016年9月7日），申请人非2，4-滴丁酯原药生产企业，不再批准2，4-滴丁酯制剂产品的登记延续申请，保留原药企业境外使用登记。

（2）根据农业部2445号公告，申请人非百草枯原（母）药登记企业，不再批准百草枯产品的登记延续申请，保留原（母）药企业境外使用登记。

（3）根据农业部2552号公告（2017年7月14日），不再批准乙酰甲胺磷、丁硫克百威、乐果用于蔬菜、瓜果、茶叶、菌类、中草药材作物的登记。如申请产品仅在上述作物登记，撤销后没有其他登记作物的，将不予批准登记延续。

（4）根据农业部2552号公告，自2018年7月1日起，撤销含硫丹产品的农药登记证。

（5）根据农业部2552号公告，添加备注“自2019年1月1日起，将含溴甲烷产品的农药登记使用范围变更为检疫熏蒸处理，禁止含溴甲烷产品在农业上使用。”

（6）根据农业农村部148号公告，自2019年3月26日起撤销含氟虫胺农药产品的农药登记和生产许可。自2020年1月1日起，禁止使用含氟虫胺成分的农药产品。

809. 对再评价农药品种的登记延续有什么具体规定？

答：《农药登记管理办法》第三十六条规定，对登记15年以上的农药品种，农业农村部根据生产使用和产业政策变化情况，组织开展周期性评价。对于完成周期性评价的农药品种，在产品进行登记延续时，应按要求提供周期性评价报告。

已列入再评价名单但尚无评价结论的，暂不需要提供周期性评价材料。

810. 未在规定时限内申请农药登记延续产品，该如何办理?

答：逾期未申请登记延续需要继续生产的，只能重新申请登记。

提醒一下，重新登记时，原申报资料符合现行《农药登记资料要求》的，依然有效，可以使用。

811. 农药登记延续办理需要经过哪些流程?

答：需要经过以下 5 个流程：

（1）农业农村部政务服务大厅农药窗口审查申请人递交的“农药登记延续申请表”及其相关材料，材料齐全符合法定形式的予以受理；

（2）农业农村部农药检定所根据有关规定进行技术审查；

（3）技术审查发现安全性、有效性出现隐患或者风险的，提交农药登记评审委员会评审；

（4）农业农村部农药管理司根据国家法律法规及农业农村部农药检定所技术审查意见或者农药登记评审委员会评审意见提出审批方案，按程序报签；

（5）农业农村部农药管理司根据部领导签批文件办理批件、制作“农药登记证”。

农药登记试验审批流程图：

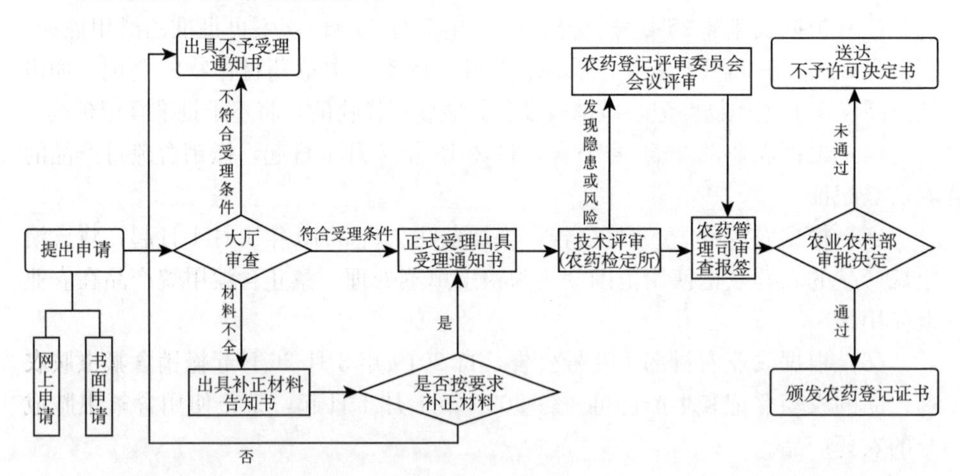

812. 农药登记延续的审批时限是如何规定的?

答：农业农村部第 222 号公告中的“农药登记服务指南”规定，农药登记延续承诺办理时限为15个工作日（不包括技术审查时间，技术审查时限不超过2个月）。

813. 如何查询本企业的农药登记延续申请的审批进度?

答：登录中国农药数字监督管理平台（http：//www.icama.cn），输入本企业用户名和密码进行查询。

814. 农药登记延续审批收费吗?

答：不收费。农业农村部根据有关规定，已经停征农药登记费。

815. 获准延续的农药登记证是如何送达申请人的?

答：农业农村部自作出决定之日起10个工作日内，准予许可的，为申请人制作并颁发加盖“中华人民共和国农业农村部农药审批专用章”的“农药登记证”；不予许可的，向申请人出具加盖“中华人民共和国农业农村部行政审批专用章”的办结通知书。根据申请人要求，选择在农业农村部政务服务大厅现场领取或以邮寄方式送达。

816. 农药登记延续申请人有哪些权利和义务?

答：主要有3项权利和义务：

（1）申请人应当如实向农业农村部提交有关材料和反映真实情况，并对其申请材料实质内容的真实性负责。

（2）申请人隐瞒有关情况或者提供虚假材料申请农药登记延续的，农业农村部不予受理或者不予批准，并自办结之日起1年内不再受理其农药登记申请；已取得批准的，撤销“农药登记证”，3年内不再受理其农药登记申请。

（3）收到不予受理通知书、不予许可决定书之日起，申请人可以在60日内向农业农村部申请行政复议，或者在6个月内向北京市第三中级人民法院提起行政诉讼。

817. 如何咨询或监督投诉农药登记延续中的有关问题?

答：可以通过以下途径进行咨询或投诉：

（1）现场咨询：农业农村部政务服务大厅农药窗口；

（2）电话咨询：010－59191817/59191803；

（3）监督电话：010－59193385；

（4）网上投诉：农业农村部官方网站—政务服务—行政许可投诉。

818. 为什么要进行农药再评价？

答：农药再评价是指运用最新的科学评价技术和方法，对已批准登记并生产、使用的农药有效性、安全性和经济性等方面进行系统重新评价，以满足不断发展的社会经济与各项安全标准的需要。建立农药再评审制度是目前发达国家和地区加强农药管理的通行做法。

对已生产多年的已登记产品，按照现有登记评审标准进行系统再评价，可以提高农药生产和使用的安全性、有效性、经济性，淘汰一批安全风险高、效果和效益差的产品，确保农业林业的生产安全、农产品质量以及生态环境安全。

819. 农药再评价的法律依据是什么？

答：《农药管理条例》第四十三条规定，国务院农业主管部门和省、自治区、直辖市人民政府农业主管部门应组织负责农药检定工作的机构、植物保护机构对已登记农药的安全性和有效性进行监测。

《农药登记管理办法》第三十六条规定，对登记 15 年以上的农药品种，农业部根据生产使用和产业政策变化情况，组织开展周期性评价（周期性再评价规定）。

《农药登记管理办法》第三十七条规定，发现已登记农药对农业、林业、人畜安全、农产品质量安全、生态环境等有严重危害或者较大风险的，农业部应当组织农药登记评审委员会进行评审，根据评审结果撤销或者变更相应农药登记证，必要时决定禁用或者限制使用并予以公告（特殊性再评价规定）。

820. 哪些农药品种是农药再评价的重点？

答：农药再评价重点包括高毒农药淘汰，对登记超过 15 年的农药品种开展的周期性评价，及对在使用过程中发现对农业、林业、人畜安全、农产品质量安全、生态环境等有严重危害或者较大风险的农药品种开展的特殊再评价工作。

821. 哪些杀虫剂在我国已登记 15 年以上？

答：截至 2017 年 8 月 1 日，以下 78 种杀虫剂在我国已登记 15 年以上。

（1）有机磷类：乐果、氧乐果、敌敌畏、丙溴磷、杀扑磷、三唑磷、哒嗪硫磷、水胺硫磷、马拉硫磷、乙酰甲胺磷、杀螟硫磷、二嗪磷、甲基嘧啶磷、辛硫磷、甲基立枯磷、喹硫磷、甲基异柳磷、灭线磷、伏杀硫磷、敌百虫；

（2）氨基甲酸酯类：异丙威、灭多威、抗蚜威、硫双威、甲萘威、苯氧威、混灭威、速灭威、杀螟丹、杀螟松；

（3）昆虫生长调节剂类：氟虫脲、氟啶脲、氟铃脲、丁醚脲、灭幼脲、虱螨脲、噻嗪酮、抑食肼；

（4）烟碱类：啶虫脒、吡虫啉；

（5）沙蚕毒素类：杀虫单、杀虫双；

（6）拟除虫菊酯类：高效氯氰菊酯、联苯菊酯、高效氯氟氰菊酯、氯氟氰菊酯、氰戊菊酯、溴氰菊酯；

（7）其他：甲氨基阿维菌素苯甲酸盐、阿维菌素、哒螨灵、单甲脒盐酸盐、双甲脒、苯丁锡、三唑锡、氯噻啉、三氯杀螨砜、炔螨特、吡蚜酮、氟虫腈、灭蝇胺、虫酰肼、四聚乙醛、矿物油、苏云金杆菌、金龟子绿僵菌、蜡质芽孢杆菌、小菜蛾颗粒体病毒、棉铃虫核型多角体病毒、印楝素、硅藻土、苦皮藤素、除虫菊素、苦参碱、鱼藤酮、烟碱、多杀霉素、松脂酸钠。

822. 哪些杀菌剂在我国已登记 15 年以上？

答：截至 2017 年 8 月 1 日，以下 96 种杀菌剂在我国已登记 15 年以上：

醚菌酯、咪鲜胺、二氰蒽醌、稻瘟灵、异稻瘟净、咯菌腈、霜脲氰、甲霜灵、精甲霜灵、噁霜灵、丙硫唑、丙环唑、三环唑、叶枯唑、己唑醇、戊唑醇、氟菌唑、氟硅唑、烯唑醇、三唑酮、腈菌唑、抑霉唑、烯酰吗啉、氟吗啉、代森锰锌、丙森锌、代森铵、代森锌、福美双、福美锌、多菌灵、甲基硫菌灵、噻菌灵、苯菌灵、百菌清、克菌丹、异菌脲、腐霉利、硅噻菌胺、萎锈灵、菌核净、嘧霉胺、盐酸吗啉胍、霜霉威盐酸盐、乙霉威、三氯异氰尿酸、二氯异氰尿酸钠、硫酸锌、络氨铜、氢氧化铜、碱式硫酸铜、硫酸铜钙、琥胶肥酸铜、混合氨基酸铜、松脂酸铜、石硫合剂、氧化亚铜、王铜、硫磺、波尔多液、乙酸铜、喹啉铜、三乙膦酸铝、三苯基乙酸锡、十二烷基硫酸钠、双胍三辛烷基苯磺酸盐、敌磺钠、敌瘟磷、甲基立枯磷、甲基异柳磷、五氯硝基苯、烯腺嘌呤、羟烯腺嘌呤、溴硝醇、氯化苦、荧光假单胞杆菌、木霉菌、枯草芽孢杆菌、地衣芽孢杆菌、小檗碱、噁霉灵、噁唑菌酮、矿物油、乙蒜素、蛇床子素、井冈霉素、低聚糖素、嘧啶核苷类抗菌素、多抗霉素、宁南霉素、中生菌素、春雷霉素、腐殖酸、混合脂肪酸、香芹酚、威百亩。

823. 哪些除草剂在我国已登记 15 年以上？

答：截至 2017 年 8 月 1 日，以下 72 种除草剂在我国已登记 15 年以上：

敌草隆、异丙隆、苯磺隆、乙氧磺隆、氯嘧磺隆、单嘧磺隆、噻吩磺隆、醚磺隆、绿麦隆、利谷隆、苄嘧磺隆、吡嘧磺隆、烟嘧磺隆、异丙甲草胺、甲草胺、乙草胺、丙草胺、丁草胺、敌草胺、毒草胺、草甘膦、禾草灵、禾草丹、禾草敌、二甲戊灵、莠去津、烯草酮、嗪草酮、西玛津、咪唑乙烟酸、敌稗、异噁草松、噁草酮、扑草净、西草净、莠灭净、灭草松、哌草丹、氟磺胺草醚、嘧啶肟草醚、乙氧氟草醚、吡草醚、甜菜宁、甜菜安、烯禾啶、乳氟禾草灵、精吡氟禾草灵、喹禾灵、精喹禾灵、氟乐灵、苯噻酰草胺、莎稗磷、氰草津、丙炔氟草胺、威百亩、仲丁灵、草除灵、三氯吡氧乙酸、氯氟吡氧乙酸、异噁唑草酮、麦草畏、甲氧咪草烟、咪唑乙烟酸、喹禾糠酯、溴苯腈、辛酰溴苯腈、咪唑喹啉酸、二氯喹啉酸、氨氯吡啶酸、2 甲 4 氯、2，4-滴、嗪草酸甲酯。

824. 哪些植物生长调节剂在我国已登记 15 年以上?

答：截至 2017 年 8 月 1 日，以下 27 种植物生长调节剂在我国已登记 15 年以上：

氯化胆碱、萘乙酸、甲哌鎓、赤霉酸、多效唑、复硝酚钠、乙烯利、矮壮素、仲丁灵、抑芽丹、苄氨基嘌呤、芸薹素内酯、萎锈灵、烯效唑、吲哚丁酸、对氯苯氧乙酸钠、三十烷醇、超敏蛋白、苯肽胺酸、噻苯隆、丁酰肼、单氰胺、2，4-滴钠盐、胺鲜酯、氯吡脲、氯苯胺灵、羟烯腺嘌呤。

825. 哪些农药品种已经完成了再评价，结果如何?

答：通过农药品种再评价，已出台公告和拟建议采取管理措施的农药品种如下：

（1）2013 年 12 月，农业部颁布 2032 号公告：自 2015 年 12 月 31 日起，禁止氯磺隆在国内销售和使用，禁止胺苯磺隆单剂和甲磺隆单剂产品在国内销售和使用；自 2017 年 7 月 1 日起，禁止胺苯磺隆复配制剂和甲磺隆复配制剂产品在国内销售和使用，保留甲磺隆的出口境外使用登记；自 2014 年 12 月 31 日起，撤销毒死蜱和三唑磷在蔬菜上的登记，自 2016 年 12 月 31 日起，禁止毒死蜱和三唑磷在蔬菜上使用。

（2）2015 年 9 月，农业部颁布 2289 号公告：自 2015 年 10 月 1 日起，撤销杀扑磷用于柑橘树介壳虫的登记（由于杀扑磷仅用于柑橘树上登记，意味着杀扑磷在我国被全面禁用）；自 2015 年 10 月 1 日起，撤销溴甲烷和氯化苦在蔬菜等作物上的登记。

（3）2016 年 9 月，农业部颁布 2445 号公告：撤销氟苯虫酰胺在水稻上使用的登记，自 2018 年 10 月 1 日起，禁止氟苯虫酰胺在水稻上使用；不再批准 2，4-滴丁酯的登记，也不再批准 2，4-滴丁酯境内使用的续展登记。

（4）2016 年 9 月，农业部颁布 2445 号公告：要求生产磷化铝农药产品应当采用内外双层包装。外包装应具有良好密闭性，防水防潮防气体外泄。内包装应具有通透性，便于直接熏蒸使用。内、外包装均应标注高毒标识及“人畜居住场所禁止使用”等注意事项。自2018年10月1日起，禁止销售、使用其他包装的磷化铝产品。撤销三氯杀螨醇的登记，自2018年10月1日起，全面禁止三氯杀螨醇的销售和使用。撤销克百威、甲拌磷、甲基异柳磷在甘蔗作物上的登记，自2018年10月1日起，禁止克百威、甲拌磷、甲基异柳磷在甘蔗上使用；决定不再受理、批准百草枯的田间试验和登记申请，不再受理、批准百草枯境内使用的续展登记，保留母药生产企业产品的出口境外使用登记。

（5）2017年7月，农业部颁布2552号公告：2017年8月1日起，撤销乙酰甲胺磷、丁硫克百威、乐果（包括含上述3种农药有效成分的单剂、复配制剂，下同）用于蔬菜、瓜果、茶叶、菌类和中草药材作物的农药登记，不再受理、批准乙酰甲胺磷、丁硫克百威、乐果用于蔬菜、瓜果、茶叶、菌类和中草药材作物的农药登记申请；自2019年8月1日起，禁止乙酰甲胺磷、丁硫克百威、乐果在蔬菜、瓜果、茶叶、菌类和中草药材作物上使用。硫丹作为有机氯农药，已被列入《斯德哥尔摩公约》，禁止全球范围内的生产和使用，我国已加入该公约，根据公约要求，经审议，硫丹产品登记证的有效期至2019年3月26日。溴甲烷已被列入《蒙特利尔国际公约》管控范围，我国已加入该公约。自2019年1月1日起，将含溴甲烷产品的农药登记使用范围变更为“检疫熏蒸处理”，禁止含溴甲烷产品在农业上使用。

826. 目前有哪些农药品种已经启动再评价程序？

答：2020年列入再评价启动计划的11种农药是：多菌灵、三唑磷、莠去津、吡虫啉、甲草胺、丁草胺、混灭威、速灭威、乙草胺、草甘膦、氟虫腈。这11个品种在毒性、残留或环境安全等方面存在较高风险或具较高的风险不确定性。

827. 目前有哪些农药品种正在开展相关研究和再评价工作？

答：以下品种已开展相关研究和再评价工作：

（1）新烟碱类农药　包括吡虫啉、噻虫嗪、噻虫胺、噻虫啉、啶虫脒、烯啶虫胺、呋虫胺、氯噻啉、哌虫啶等。新烟碱类农药对授粉昆虫如蜜蜂的种群可能存在严重影响，正在进行相关试验研究。

（2）克百威　由于对鸟类的风险和危害高，目前正在开展相关监测及调研工作。

（3）氟虫腈　残留例行监测结果表明，氟虫腈在蔬菜中检出率较高，且氟虫腈卫生用悬浮剂和种子处理剂违规使用的反映较多，目前正在开展相关调研和再评价工作。

（4）五氯硝基苯　在环境中降解缓慢，残效期长，使用量大，对哺乳动物可能存在慢性毒性作用，已先后被瑞典、奥地利、德国等国家禁用。目前已开展相关研究和再评价工作。

828. 农药再评价有技术规范吗？

答：有。农业部于 2016 年 10 月 26 日发布了《农药再评价技术规范》（NY/T 2948—2016），2017 年 4 月 1 日正实施。根据上述规范要求，农药再评价包括周期性再评价和特殊性再评价两类。

829. 完整的农药再评价需要经过哪些流程？

答：《农药再评价技术规范》（NY/T 2948—2016）规定的农药再评价主要流程如下：

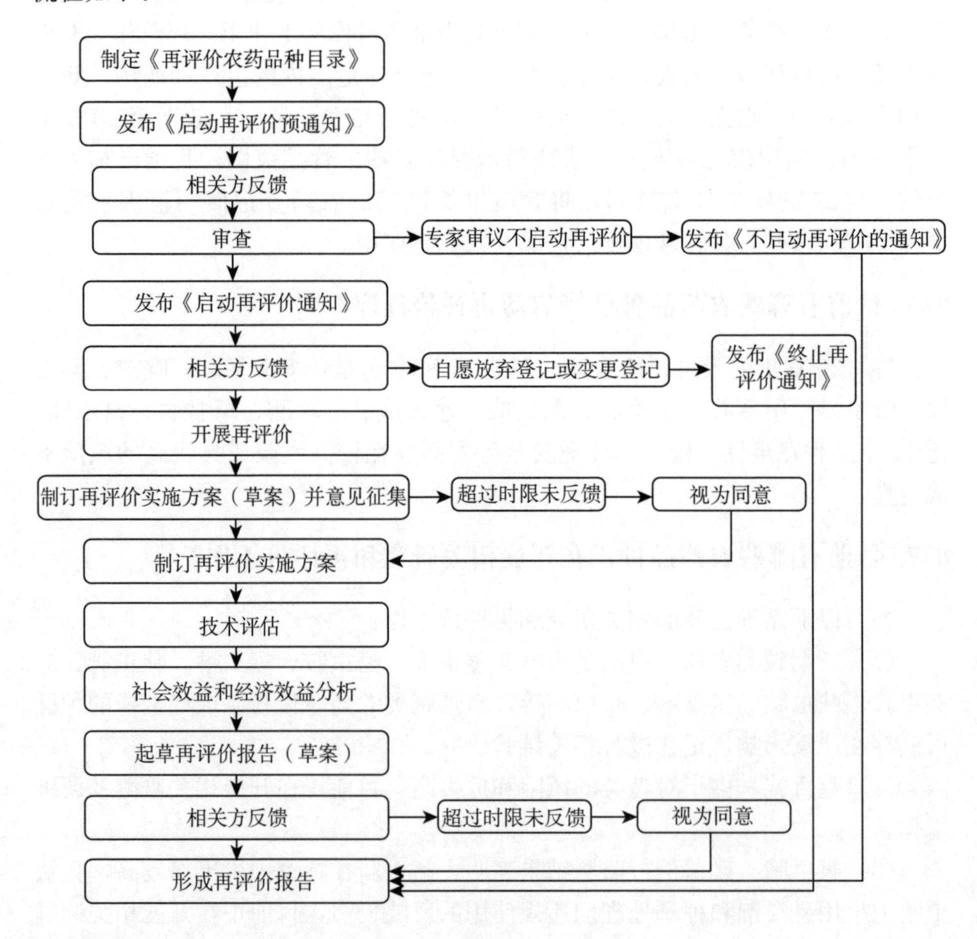

830. 企业所涉及的再评价产品，企业应如何参与？

答：《农药登记管理办法》中介绍了两类登记后再评价情形。一是第三十六条规定：对登记 15 年以上的农药品种，农业部根据生产使用和产业政策变化情况，组织开展周期性评价；二是第三十七条规定：发现已登记农药对农业、林业、人畜安全、农产品质量安全、生态环境等有严重危害或者较大风险的，农业部应当组织农药登记评审委员会进行评审，根据评审结果撤销或者变更相应农药登记证，必要时决定禁用或者限制使用并予以公告。

企业应关注上述所涉及的产品，根据农业农村部具体开展的有关农药品种的再评价工作要求，积极报名参与相关产品的再评价工作。

831. 农业农村部是否发布开展周期性评价的农药名单？

答：是。周期性再评价名单将根据有效成分登记时限，以及按照使用风险监测或信息查询掌握的风险程度，建立优先评估列表，再按照列表先后顺序，结合农业农村部相关要求和部署，针对品种逐步开展周期性评价。

832. 周期性评价要求补充的相应试验报告或查询资料有哪些？

答：周期性评价的品种应按照现行的农药登记资料要求，补充完善相关农业生产安全（药害、抗性）、农产品质量安全、人畜健康和生态环境安全资料，以满足风险评估模型需要。对相关数据信息不全的，应通过查询资料、组织联合试验或自行开展验证试验等方式提供数据，以满足评估要求。

第十部分：新农药登记试验及登记试验备案

833. 新农药是否需要申请批准试验?

答：需要。根据《农药管理条例》第九条规定，新农药的登记试验应当向农业农村部提出申请。

《农药登记试验管理办法》第二、第三条进一步规定，新农药登记试验，应当经农业农村部审查批准，发给申请者新农药登记试验许可证后方可开展试验。

834. 申请新农药登记试验许可应提交哪些材料?

答：根据《行政许可事项服务指南》规定，申请新农药登记试验的，应向农业农村部提交以下资料：

（1）新农药登记试验申请表；

（2）境内外研发及境外登记情况；

（3）试验范围、试验地点（试验区域）及相关说明；

（4）产品化学信息及产品质量符合性检验报告；

（5）毒理学信息；

（6）作物安全性信息；

（7）环境安全信息；

（8）试验过程中存在或者可能存在的安全隐患；

（9）试验过程需要采取的安全性防范措施；

（10）申请人证明文件。农药生产企业、境外企业、新农药研制者应提交相应的资质或身份证明文件。

835. 以前获批且在有效期内的新农药田间试验批准证书是否继续有效?

答：有效。原则上认可新《农药管理条例》实施前已取得的新农药田间试验批准证书，无论相关试验开展与否，不要求重新申请新农药登记试验批准证书，但需对即将开展的试验进行备案。

836. 可以同时申请多种作物或防治对象的新农药试验申请吗?

答：可以。可以提交一份申请，在申请表中注明拟登记的作物或防治对象即可。

837. 哪些人或单位可以申请新农药登记试验?

答：根据《农药管理条例》第七条规定，农药生产企业、向中国出口农药的企业和新农药研制者都可以申请新农药登记。

838. 向中国出口农药的企业（境外企业）如何申请新农药登记试验?

答：根据《农药登记试验管理办法》第十七条的规定，开展新农药登记试验的境外企业应当向农业农村部提出申请，并提交必要的资料。

839. 申请新农药登记试验申请需经省级农业农村部门初审吗?

答：不需要。直接向农业农村部提出申请。

840. 如何提交新农药登记试验申请资料?

答：申请人可以登录农业农村部官网进行网上申请并邮寄相关纸质材料，也可以现场提交申请资料，有关信息如下：

接收单位：农业农村部政务服务大厅农药窗口；

联系电话：010－59191817/59191803；

办公地址：北京市朝阳区农展馆南里 11 号；

传真：010－59191808；

网址：http：//www. icama. cn。

841. 网上申请出现技术问题如何解决?

答：应向系统维护人员反映或电话咨询农业农村部政务服务大厅农药窗口：010－59191817/59191803。

842. 新农药登记试验申请资料必须由资质单位完成吗?

答：不需要。新农药试验申请资料可以是自行开发获得的或查询的，也可以是资质单位完成或按试验标准方法进行。

843. 新农药登记试验申请资料中的试验需要按农药田间试验准则进行吗?

答：不需要。新农药试验申请资料中的试验不要求按农药田间试验准则完成相关试验报告。

844. 新农药登记试验申请资料的审查重点是什么?

答：重点审查试验的安全风险及其防范措施。审查的主要内容是：腐蚀性等物理危害风险及防范措施、对试验人员健康风险及中毒急救和防范措施、作物药害风险及防范措施、试验过程对环境影响的风险及防范措施。

845. 新农药登记试验批准证书有有效期吗?

答：有。新农药登记试验有效期为5年。5年内未开展试验的，应重新申请登记试验。

846. 药效试验报告有时限和选点要求吗?

答：田间药效试验报告原则上不超过5年。试验选点应满足《农药登记田间药效试验区域指南》要求，特殊情况进行说明。

847. 新农药登记试验样品的符合性检验报告可以由企业自行出具吗?

答：可以。新农药登记试验的产品质量符合性检验报告可以由自己实验室检测完成，也可以委托第三方机构检测完成，对是否为农业农村部认定的试验资质单位不作要求。

848. 登记试验样品有何要求?

答：根据《农药登记试验管理办法》第二十一条规定，农药登记试验样品应当是成熟定型的产品，具有产品鉴别方法、质量控制指标和检测方法。申请人应当对试验样品的真实性和一致性负责。实际工作中，试验样品原则上应当是同批次产品，应足量、均相，具有代表性。

849. 新农药登记试验申请资料是否可以提交查询资料?

答：可以。对新农药登记试验申请资料中的有关信息（如毒理学试验资料）是否是试验数据不作要求，可以是查询资料获得，但应注明查询资料出处并提供查询资料复印件，是外文的还应该提供翻译的中文资料。

850. 新农药登记试验查询资料可以直接引用相关数据吗?

答：可以。查询资料可以不提供具体的试验过程，如可以不提供具体的染毒方法、中毒特征等详细内容。

851. 新农药登记试验申请资料中的理化性质需要提交检测报告吗?

答：不需要。可提供如爆炸性、腐蚀性、氧化/还原性等理化性质的查询资料，但应注明出处。

852. 新农药登记试验申请资料中的“生产工艺”需要提供什么样的资料?

答：可只提供生产工艺的简单说明。

853. 新农药试验的禁止性要求有哪些?

答：新农药试验的禁止性要求主要有三类：

（1）国家有关部门规定禁用或不再新增登记的农药；

（2）没有完成前期的实验室研究和中试生产的农药；

（3）申请人被列入国家有关部门规定的严重失信单位名单并限制其取得行政许可的。

854. 新农药制剂登记试验审批有时限规定吗?

答：有。根据《农药登记试验管理办法》第十九条规定，国务院农业主管部门自受理之日起40个工作日内对试验的安全性及其防范措施进行审查，符合条件的，准予登记试验；不符合条件的，书面通知申请人并说明理由。

农业农村部（第222号）公告公布的行政服务指南进一步明确办理时限为10个工作日（技术审查时间不超过30个工作日）。

855. 新农药登记试验许可审批收费吗?

答：不收费。

856. 新农药登记试验许可证书有效期是几年?

答：新农药登记试验批准证书有效期5年。

857. 在有效期内未完成的新农药登记试验需要重新申请试验许可吗?

答：在新农药登记试验许可有效期内已开展但未完成试验的，可以不申请新的试验许可；在许可有效期内未开展试验的，应当重新申请办理新农药登记试验许可。

858. 新农药登记试验许可办理的基本流程有哪些?

答：需要经过以下4个流程：

（1）农业农村部政务服务大厅农药窗口审查申请人递交的“新农药登记试验申请表”及其相关材料，材料齐全符合法定形式的予以受理；

（2）农业农村部农药检定所对试验安全风险及其防范措施进行技术审查；

（3）农业农村部农药管理司根据国家法律法规及技术审查意见提出审批方案，按程序报批；

（4）农业农村部农药管理司根据部领导签批文件办理批件、制作“新农药登记试验批准证书”。

新农药登记试验审批流程如下：

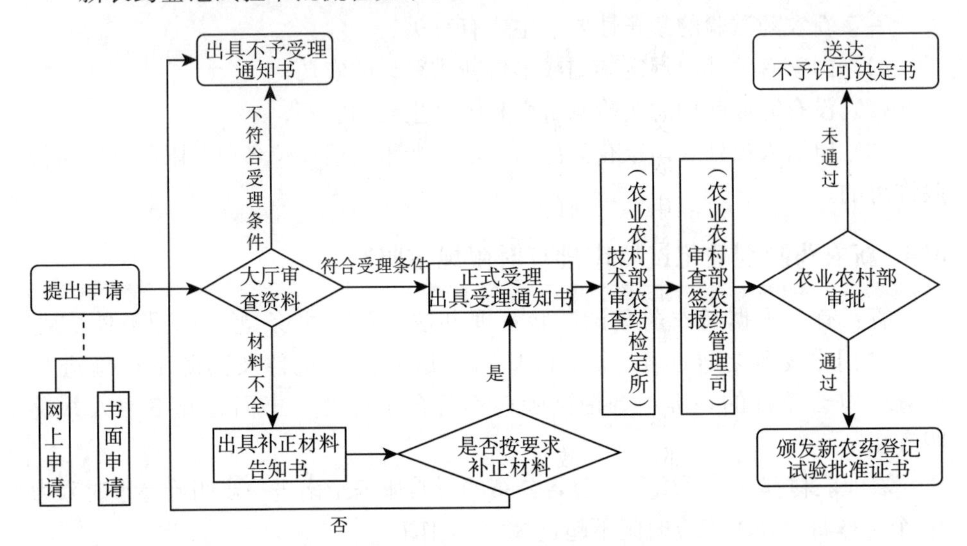

859. 新农药登记试验批准证书内容和式样有何规定？

答：根据《农药登记试验管理办法》第二十条规定，新农药登记试验批准证书应当载明试验申请人、农药名称、剂型、有效成分及含量、试验范围、试验证书编号及有效期等事项。

新农药登记试验批准证书式样由农业农村部制定。证书编号为“SY＋年号＋顺序号”，年号为证书核发年份，用四位阿拉伯数字表示；顺序号用三位阿拉伯数字表示。

860. 新农药登记试验批准证书是如何送达申请人的？

答：农业农村部自作出决定之日起10个工作日内，准予许可的，为申请人制作并颁发加盖“中华人民共和国农业农村部农药审批专用章”的“新农药登记试验批准证书”；不予许可的，向申请人出具加盖“中华人民共和国农业农村部行政审批专用章”的办结通知书。根据申请人要求，选择在农业农村部政务服务大厅现场领取或以邮寄方式送达。

861. 已取得新农药登记试验批准证书的产品是否可以在市场上销售？

答：不可以。根据《农药管理条例》第十一条规定：登记试验结束后，申请人应当向所在地省、自治区、直辖市人民政府农业主管部门提出农药登记申请；第七条规定：国家实行农药登记制度，只有取得农药登记证的产品才可以在市场销售。

862. 新农药登记试验申请人有哪些义务和权利？

答：申请人有以下义务和权利：

（1）申请人申请新农药登记试验，应当如实向农业农村部提交有关材料和反映真实情况，并对其申请材料的真实性、合法性负责。

（2）申请人隐瞒有关情况或者提供虚假材料申请农药登记试验的，农业农村部不予受理或者不予批准，自办结之日起 1 年内不再受理其新农药登记试验申请；已取得批准的，撤销批准证书，责成停止试验、采取有效补救措施，3 年内不再受理其申请。

（3）收到不予受理通知书、不予许可决定书之日起，申请人有异议的可以在 60 日内向农业农村部申请行政复议，或者在 6 个月内向北京市第三中级人民法院提起行政诉讼。

863. 如何咨询或监督投诉新农药登记试验申请的有关问题？

答：可以通过以下途径进行咨询或投诉：

（1）现场咨询：农业农村部政务服务大厅农药窗口；

（2）电话咨询：010－59191817/59191803；

（3）监督电话：010－59193385；

（4）网上投诉：农业农村部官方网站—政务服务—行政许可投诉。

864. 农药登记试验样品需要封样的依据是什么？

答：根据《农药登记试验管理办法》第二十二条规定，申请人应当将试验样品提交所在地省级农药检定机构进行封样，提供农药名称、有效成分及其含量、剂型、样品生产日期、规格与数量、储存条件、质量保证期等信息，并附具产品质量符合性检验报告及相关谱图。

865. 农药登记试验样品需要留样的依据是什么？

答：《农药登记试验管理办法》第二十三条规定，所封试验样品由省级农药检定机构和申请人各留存一份，保存期限不少于两年，其余样品由申请人送至登记试验单位开展试验。

866. 为什么要对农药登记试验样品进行封样管理?

答：农药登记试验样品的真实性是农药登记试验结果可靠性的源头。为了确保登记试验样品的真实性和一致性，便于查找“问题试验报告”产生原因，科学合理地作出农药登记审批决定，必须对农药登记试验样品进行封样管理。

867. 对于农药登记试验样品有何要求?

答：农药登记的主要目的是对产品的有效性和安全性进行评价。申请人应当保证将来登记、生产的产品与登记试验样品的产品组成、加工工艺等一致。

根据《农药登记试验管理办法》第二十一条规定，农药登记试验样品应符合以下要求：

（1）农药登记试验样品应当是成熟定型的产品；

（2）具有产品鉴别方法、质量控制指标和检测方法；

（3）申请人应当对试验样品的真实性和一致性负责。

868. 登记试验样品封样时应该注意哪些问题?

答：封样时应注意以下问题：

（1）样品的包装材料必须相同，加工批号要尽量统一。

（2）注明产品的具体组成成分、鉴别方法、质量控制指标和检测方法，且经过产品质量检测各项指标合格。

（3）封存的试验样品数量应能够满足农药登记所有试验项目的需求，并对应各项试验及年份要求分别封样。

（4）注明产品的生产日期，对样品的储存条件、质量保证期、基础性能等有较为清楚的深刻认识，能够有一个相对准确的预设。

（5）准备好试验样品后，企业应当及时向所在地省级农业农村主管部门提交全部的试验样品、样品相关资料、产品质量符合性检验报告等封样信息。

869. 申请人将试验样品提交所在地省级农药检定机构进行封样时，应提供什么信息?

答：申请人应当将试验样品提交所在地省级农药检定机构进行封样，提供试验样品的农药名称、有效成分及其含量、剂型、样品生产日期、批号、规格与数量、储存条件、质量保证期、可能存在的安全风险及防范措施等信息，并附具产品质量符合性检验报告及液相色谱图、气相色谱图等定量分析图谱，填写农药登记试验样品封样登记表。

870. 产品质量符合性检验报告可以自行完成吗？

答：产品质量符合性检验报告可由申请人的质量控制实验室出具，也可委托农药检验检测机构出具。

871. 产品质量符合性检验报告包括哪些内容？

答：产品质量符合性检验报告应当包括产品的全部质量控制项目。

872. 产品封样时需要提交多少样品量？

答：产品封样时，申请人原则上一次性提交产品化学、药效、毒理学、环境影响、残留等试验及红外光谱图采集、留样所需的样品量，并附试验样品与拟申请登记产品一致性声明。

873. 封样试验样品包装上应标注哪些内容？

答：封样试验样品包装上应标注申请人名称、农药名称、剂型、有效成分及其含量、样品生产日期、批号、规格、储存条件、质量保证期等；封样条或袋上应标注封样编号、封样日期等，由封样人和申请人签字确认，并加盖所在地省级农药检定机构公章。

874. 如何对封样样品进行编号？

答：实行统一的封样编号原则。农药登记试验样品封样编号格式：省简称+F+年份+顺序号，如京F20190001。

875. 封样样品需要留样吗？

答：所在地省级农药检定机构从所封等量规格试验样品中随机抽取三份，由所在地省级农药检定机构和申请人各留存一份，保存期限不少于两年。第三份样品由省级农药检定机构或农业农村部认定的试验单位按照相关标准规定的操作规程采集其红外光谱图。其余样品由申请人送至农药登记试验单位开展试验。

对于使用大包装的原药慢性毒性试验样品，应从包装容器的上、中、下三个部位各取出一份，每个采样单元采样量不少于100克。

876. 封样样品过期应该怎么办？

答：封存试验样品数量、质量不足以满足试验需求或已超过质量保证期（常温储存稳定性试验样品除外）仍需要进行试验的，申请人应当按规定重新封存样品。

对于常温储存稳定性试验，试验样品已超过质量保证期，仍需要进行试验的，经检验合格的，可继续进行试验。

877. 申请人需要向农药登记试验单位提供哪些信息?

答：申请人应当向农药登记试验单位提供试验样品的农药名称、有效成分及其含量、剂型、生产日期、批号、备案号、储存条件、质量保证期、可能存在的安全风险及防范措施等信息。属于新农药的，还应当提供新农药登记试验批准证书复印件。

农药登记试验单位应当查验封样完整性、样品信息符合性。

878. 境外企业到哪里办理登记试验样品封样手续?

答：根据《农药登记试验管理办法》第二十二条规定，境外企业申请人应当将试验样品提交其在中国境内设立的办事机构所在地省级农药检定机构进行封样。

879. 新农药登记试验取得试验许可前是否可以封样?

答：不可以。取得新农药登记试验许可前做的试验报告不能用于登记资料申报。

880. 登记试验样品可以分批封样吗?

答：可以。《农药登记试验管理办法》第二十四条规定，封存试验样品不足以满足试验需求或者试验样品已超过保存期限，仍需要进行试验的，申请人应当按本办法规定重新封存样品。建议申请人尽量统筹好所需样品数量一次足量封样，以免增加人力成本和工作量。

881. 申请封样时是否要求提供产品质量符合性检验报告?

答：根据登记管理要求，在条件成熟时，开始试验前的封样时，会要求企业提供试验样品的符合性检验报告及相关谱图即“指纹图谱”，以便进行样品的符合性检查。

882. 所有登记试验样品都需要进行封样吗?

答：是的。用于农药登记试验的样品都需要封样。

883. 登记试验封样时为什么要给予封样号?

答：登记试验样品的封样号是样品的标识性符号，对于登记试验样品应具有唯一性。应由省级农药检定机构于封样后在试验样品封签的显著位置注明封样号。

884. 试验样品的标签需要标注哪些内容？

答：试验样品的标签可以参照正常流通标签标注，包含申请人名称、产品名称（有效成分、含量、剂型）、使用范围、使用技术、注意事项、贮存和运输方法、中毒急救、批号（质量保证期）等。

885. 原药（或母药）的5个批次全分析样品应如何封样和留样？

答：全组分分析试验5个批次的样品需要分别封样和留样，并标注不同封样编号。

886. 同一个封样号的农药样品包装规格必须一致吗？

答：不是。包装规格可根据试验项目进行相应调整。

887. 不同期封样的封样号可以相同吗？

答：不可以。登记试验样品不足，需要再次封样的，应重新赋予新的封样编号并再次留样以备必要时进行样品符合性检查。

888. 登记试验封样时需要准备多少样品？

答：根据登记试验项目的具体需要，申请人要尽量一次封好足量的登记试验样品，用于产品化学（质检、理化、两年常储试验或全分析）、毒理学、药效、残留、环境等试验所需样品量，以及红外光谱图采集、省级农药检定机构、申请人各留一份所需的样品量。

889. 重新封样的样品在申报登记时需要重新提交质检报告吗？

答：需要。如果批次不同，应提交不同批次的产品质量符合性检验报告。

890. 农业部门对登记试验样品如何进行监管？

答：主要通过以下两种途径进行监管：

（1）在封样时就全部或按一定比例抽查检验样品的符合性，并对样品进行红外扫描，保留样品的“指纹图谱”，必要时进行“指纹图谱”比对。

（2）《农药登记试验管理办法》第三十二条规定，省级以上农业部门应当组织对农药登记试验所封存的农药试验样品的符合性和一致性进行监督检查，并及时将监督检查发现的问题报告农业部。

891. 农药登记试验备案的依据是什么?

答：《农药管理条例》第九条规定，登记试验应当报试验所在地省、自治区、直辖市人民政府农业主管部门备案。因此，申请人在取得新农药登记试验批准后，应当报试验所在地省、自治区、直辖市人民政府农业主管部门备案。

892. 如何进行登记试验备案?

答：根据《农药登记试验管理办法》第十六条规定，开展农药登记试验之前，申请人应当向登记试验所在地省级农业部门备案，备案信息包括备案人、产品概述、试验项目、试验地点、试验单位、试验时间、安全防范措施、封样编号等。

893. 登记试验可以进行网上备案吗?

答：申请人可以通过中国农药数字管理平台进行网上备案。

894. 备案网上信息需要打印并寄送试验所在地省级农业农村主管部门吗?

答：目前没有统一规定。本着便民原则，对于网上备案信息完整齐全的，部分省级农业农村主管部门不要求寄送纸质“农药登记试验备案表”。

895. 在多个省份开展登记试验的如何进行登记试验备案?

答：在多个省份开展登记试验的，应分别进行网上备案。

896. 登记试验可以由试验单位办理备案吗?

答：不可以，应该由农药登记试验申请人办理。根据《农药登记试验管理办法》第二条规定，开展农药登记试验的，申请人应当报试验所在地省级农业主管部门备案。农药登记试验备案的主体是农药登记申请人而不是试验单位。

897. 境外企业的农药登记试验需要备案吗?

答：需要。依据《农药管理条例》第九条的规定，境外企业的登记试验也应当报试验所在地省级农业主管部门备案。

898. 农药登记试验备案信息可以更改吗?

答：可以。在农药登记试验备案后，实际试验安排与备案信息不一致时，如变更试验单位或延期试验等，应通过重新备案来更改相关信息，并在备案中注明更改原因或声明注销以前的相关备案信息。

899. 最终登记试验报告中的备案信息可以由试验单位提供吗?

答：不可以。《农药登记试验质量管理规范》第三十七条规定，最终试验报告应包括“备案信息及新农药登记试验批准证书编号”等内容，农药登记试验备案的主体是农药登记试验的申请人，相关备案信息应由申请人提供并对其真实性负责。

900. 农药管理部门是否审查农药登记试验备案信息?

答：不审查。试验备案不是行政许可，没有审查程序，主要是履行告知义务，以便于省级农业农村主管部门对属地试验进行日常监管，必要时会对样品的符合性进行检查。

901. 企业可以先安排登记试验再网上办理备案吗?

答：不可以。《农药登记试验管理办法》第十六条规定，开展农药登记试验之前，申请人应当向登记试验所在地省级农业部门备案。企业不可以先进行试验，后补备案手续。

902. 可以完全公开备案系统平台中的农药登记试验信息吗?

答：不可以。农药登记备案信息可能涉及企业开发秘密，省级农药检定所只能查询到辖区内试验的备案信息。

903. 如何查询各省份备案的具体部门、电话、地址等信息?

答：全国各省份农药登记试验备案信息可以通过以下链接查询：http：//www. chinapesticide. org. cn/ssjs. jhtml。

904. 以前完成的残留试验需要按新要求补充备案吗?

答：不需要。农药登记试验不存在补充备案问题，所有登记试验必须在试验开始以前进行备案，因此已按以前的《农药登记资料规定》完成的残留试验不需要补充备案。

905. 补足剩余点数的残留试验需要备案吗?

答：需要备案。根据《农药登记试验管理办法》第十六条规定，开展农药登记试验之前，申请人应当向登记试验所在地省级农业部门备案。

第十一部分：生产许可和经营许可

906. 从事农药生产的企业应当具备什么条件？

答：根据《农药生产许可管理办法》[农业农村部令 2018 年第 2 号（修订)] 第八条规定，从事农药生产的企业，应当具备下列条件：

（1）符合国家产业政策；

（2）有符合生产工艺要求的管理、技术、操作、检验等人员；

（3）有固定的生产厂址；

（4）有布局合理的厂房，新设立化学农药生产企业或者非化学农药生产企业新增化学农药生产范围的，应当在省级以上化工园区内建厂；新设立非化学农药生产企业、家用卫生杀虫剂企业或者化学农药生产企业新增原药（母药）生产范围的，应当进入地市级以上化工园区或者工业园区；

（5）有与生产农药相适应的自动化生产设备、设施，有利用产品可追溯电子信息码从事生产、销售的设施；

（6）有专门的质量检验机构，齐全的质量检验仪器和设备，完整的质量保证体系和技术标准；

（7）有完备的管理制度，包括原材料采购、工艺设备、质量控制、产品销售、产品召回、产品储存与运输、安全生产、职业卫生、环境保护、农药废弃物回收与处置、人员培训、文件与记录等管理制度；

（8）农业农村部规定的其他条件。

安全生产、环境保护等法律、法规对企业生产条件有其他规定的，农药生产企业还应当遵守其规定，并主动接受相关管理部门监管。

907. 对农药生产企业所在园区有何要求？

答：有以下要求：

（1）新设立化学农药生产企业，或者非化学农药生产企业新增化学农药生产范围或者化学农药新增生产地址的应当在省级以上的化工园区内建厂。

（2）新设立非化学农药生产企业、家用卫生杀虫剂企业，或者化学农药生产企业新增原药（母药）生产范围，或者非化学农药生产企业新增生产地址的，应当在地市级以上化工园区或工业园区内建厂。

（3）化学农药生产企业改变生产地址的，应当进入市级以上化工园区或工业园区。

908. 申请农药生产许可证需要提交什么资料？

答：需要提交以下资料：

（1）农药生产许可证申请书；

（2）法定代表人（负责人）身份证明及基本情况；

（3）主要管理人员、技术人员、检验人员简介及资质证件复印件，以及从事农药生产相关人员基本情况；

（4）生产厂址所在区域的说明及生产布局平面图、土地使用权证或者租赁证明；

（5）所申请生产农药原药（母药）或者制剂剂型的生产装置工艺流程图、生产装置平面布置图、生产工艺流程图和工艺说明，以及相对应的主要厂房、设备、设施和保障正常运转的辅助设施等名称、数量、照片；

（6）所申请生产农药原药（母药）或者制剂剂型的产品质量标准及主要检验仪器设备清单；

（7）产品质量保证体系文件和管理制度；

（8）按照产品质量保证体系文件和管理制度要求，所申请农药的三批次试生产运行原始记录；

（9）申请材料真实性、合法性声明；

（10）农业农村部规定的其他材料。

909. 农药生产许可该向谁申请？

答：按照《农药生产许可管理办法》规定，应当向生产所在地省级人民政府农业主管部门提出申请。

910. 办理农药生产许可证需要多长时间？

答：根据《农药生产许可管理办法》第十一条规定，省级农业部门应当对申请材料书面审查和技术评审，必要时应当进行实地核查，自受理申请之日起二十个工作日内作出是否核发生产许可的决定。其中技术评审所需时间不计算许可期限内，不得超过九十日。

911. 生产许可证的有效期是多长？

答：5年。

912. 能否新增农药生产企业？

答：新增农药企业要符合《农药生产许可管理办法》规定及国家相关产业政策要求。

913. 新办企业要先取得农药生产许可才能申请农药登记吗？

答：对非新农药，仅有两个主体可申请登记：农药生产企业、向中国出口农药的企业。《农药登记管理办法》第十三条规定，农药生产企业，是指已经取得农药生产许可证的境内企业。因此，新办企业应先取得农药生产许可，才能申请农药登记。

914. 与新国家标准剂型不一致的已登记产品如何申请农药生产许可范围？

答：新颁布实施的国家标准《农药剂型名称及代码》（GB/T 19378—2017），对部分剂型名称及代码进行了修订，但该标准为推荐性国家标准。因此，已有的农药登记证标注的剂型与新颁国家标准不一致的，企业可按登记产品的剂型，申请相应的农药生产范围。

915. 有原药登记证但不在园区的农药生产企业是否可以新增原药生产许可？

答：《农药生产许可管理办法》第八条规定，化学农药生产企业新增原药（母药）生产范围的，应当进入地市级以上化工园区或者工业园区。

916. 一个企业可以在不同省份拥有多个生产地址吗？

答：允许。但要按照《农药生产许可管理办法》申请农药生产许可证变更。

917. 在本省拥有多个生产地址的农药生产企业的生产许可证有几个证号？

答：一个。一个农药生产企业只能有一个生产许可证。一个农药生产企业可以在发证机关管辖的行政区域内，申请拥有多个生产地址。省级农业农村主管部门将在农药生产许可证中，注明每个生产地址的农药生产许可范围。

918. 新增生产地址的企业需要重新办理农药生产许可证吗？

答：需要。《农药生产许可管理办法》第十四条规定，新增生产地址的，按新设立农药生产企业要求办理。也就是要符合《农药生产许可管理办法》第八条中的条款。

919. 生产许可变更需要何时提交申请？

答：应当自发生变化之日起三十日内提出申请。

920. 办理生产许可变更审批有时限吗？

答：有。省级农业农村主管部门应当自受理申请之日起二十个工作日内作出审批决定。

921. 改变生产地址是属于生产许可变更吗？

答：不是。《农药生产许可管理办法》第十四条规定，农药生产企业扩大生产范围或者改变生产地址的，应当按照管理办法的规定重新申请农药生产许可证。

922. 农药生产许可证有效期会因生产许可的变更而改变吗？

答：不会。生产企业取得农药生产许可证后，除延续外，在农药生产许可证有效期内申请变更生产范围或者变更许可证的其他内容，省级农业农村主管部门重新核发农药生产许可证，但其有效期限不变。

923. 对原工信部和原技术监督局颁发的农药生产批准证书和农药生产许可证，企业可以申请办理生产许可延续吗？

答：不能办理延续。应当按首次申请农药生产许可证的要求向所在地省级农业农村主管部门重新提出申请。

924. 农药生产许可证延续手续可以在届满当天去办理吗？

答：不可以。应当在有效期届满九十日前向省级农业农村主管部门申请延续。

925. 农药生产许可证延续需要提交什么资料？

答：应当提交延续申请书和生产情况报告等材料。生产情况报告包括主要技术人员、设施设备、工艺技术和质量保证体系变化情况，农药产品生产和销售情况等。

926. 办理生产许可证在什么情况下需要实地核查？

答：有以下情形之一的，省级农业农村主管部门应当组织实地核查：

（1）首次申请农药生产许可证的；

（2）非化学农药生产企业申请新增化学农药生产范围的；

(3) 更改生产地址或扩大生产范围的；

(4) 书面审查或技术评审认为需要实地核查的。

927. 生产许可范围分哪几类?

答：《农药生产许可审查细则》第四条规定，农药生产范围分为原药（母药）和制剂两类。原药（母药）按农药品种申请，如吡唑醚菌酯、咪鲜胺等；制剂按剂型申请，如水剂、悬浮剂等。

第三十四条规定，因技术、安全等原因难以形成原药（母药），直接加工制剂的，应当核查该农药登记情况，按照原药（母药）和制剂生产条件一并审查，其生产范围以农药品种名称加剂型表示。

928. 生产企业生产的制剂产品，所涉及的剂型都需要申请农药生产许可吗?

答：所涉及的剂型都需要申请。《农药生产许可审查细则》第四条规定，制剂按剂型申请，所提供的申请材料应当属于同一农药产品。第五条规定，同时申请两个以上农药品种或剂型的生产许可的，应当将《农药生产许可管理办法》第九条第一款第六、七、九项材料，按品种或剂型分别装订成册。

929. 生产地址可以是租用的吗?

答：可以。申请人应当拥有生产地址的土地使用权证或者租赁合同。租赁合同自申请之日起，有效期限不少于5年。

930. 农药生产操作人员需要符合什么条件?

答：操作人员应当经过岗前培训。还需要进行定期培训及考核，有培训及考核记录。从事高危工艺的操作人员，应当持证上岗。

931. 如何保证企业申请生产许可时不被泄露商业和技术秘密?

答：目前各省份在实施生产许可制度时已充分考虑了企业的相关商业机密问题，评审人员需要签订相关保密协议。《农药生产许可管理办法》第二十五条规定，农业部加强对省级农业部门实施农药生产许可的监督检查，及时纠正农药生产许可审批中的违规行为。发现有关工作人员有违规行为的，应当责令改正；依法应当给予处分的，向其任免机关或者监察机关提出处分建议。《农药生产许可审查细则》第十条规定，农药生产许可审查人员实行回避制。与申请农药生产许可有利益关系的审查人员，应当主动申请回避参加相关的农药生产许可审查工作。

932. 除草剂、植物生长调节剂、杀鼠剂的生产车间如何设置？

答：《农药生产许可审查细则》第二十二条第三款规定，除草剂、植物生长调节剂、杀鼠剂的生产车间应当与其他类农药的生产车间分开，避免交叉污染。符合环保政策前提下，若剂型为原药或母药的，需要完全独立的车间，而且要与其他农药生产车间有适当距离。若为制剂则应在独立区域进行生产，且有单独的生产设备，不能与其他农药生产共用一套设备。

933. 生产相同剂型不同种类的农药产品，申请农药生产许可需要注意什么？

答：《农药生产许可管理办法》第十二条规定，农药生产许可证的生产范围按照原药（母药）品种、制剂剂型（同时区分化学农药或者非化学农药）进行标注。

农药制剂按剂型标注，不再区分杀虫剂、杀菌剂和除草剂等类别。例如，企业已经取得了悬浮剂的生产许可范围，如果未来要生产除草剂悬浮剂时，不需要重新申请。但是农药生产企业应当合理布局厂房，除草剂与杀虫剂、杀菌剂的生产布局，要求相对隔离。

934. 已取得农药登记证但未取得生产许可证的企业该何时取得农药生产许可证？

答：《农药生产许可管理办法》（中华人民共和国农业部令 2017 年第 4 号）第三十条规定，本办法自 2017 年 8 月 1 日起实施。

在本办法实施前已取得农药生产批准证书或者农药生产许可证的农药生产企业，可以在有效期内继续生产相应的农药产品。有效期届满，需要继续生产农药的，农药生产企业应当在有效期届满九十日前，按照本办法的规定，向省级农业部门申请农药生产许可证。

在本办法实施前已取得农药登记证但未取得农药生产批准证书或者农药生产许可证，需要继续生产农药的，应当在本办法实施之日起两年内取得农药生产许可证。

《农药生产许可审查细则》第三十二条对其进行了细化，在《农药生产许可管理办法》实施前已取得农药登记证但未取得农药生产批准证书或者农药生产许可证，申请农药生产许可时，按新设立农药生产企业审查。

935. 申请母药生产许可时，如何核查该农药登记情况？

答：农药登记分为原药（母药）和制剂两大类。一般情况下，申请人应当申请原药登记；申请母药登记，应当说明生产母药的理由（主要指因技术和安全等原因，不能申请原药登记的特殊情形）。

为避免省级农业农村主管部门对申请母药生产许可的审批结果与农业农村部对母药登记的审批意见发生冲突，《农药生产许可审查细则》（农业部公告第2568号）第三十三条规定，申请农药生产范围为母药的，应当核查该农药登记情况。该公告的附件1：农药生产许可审查表（适用于原药或母药）之六“其他要求”中明确：“生产范围为母药的，该农药的母药，应当已有企业在我国取得农药登记。”在生产许可审查审批时，应当“查验该农药母药的登记情况”，即该农药母药是否已取得登记，并不限定为农药生产许可申请企业。但申请企业在未取得该农药母药的登记证之前，仍不能从事该母药的生产。

936. 出借生产许可证会有什么处罚?

答：《农药管理条例》第六十二条规定，出借农药生产许可证的，由发证机关收缴或者予以吊销，没收违法所得，并处1万元以上5万元以下罚款；构成犯罪的，依法追究刑事责任。《农药生产许可管理办法》第二十一条规定，出借生产许可证的，由省级农业农村主管部门依法吊销农药生产许可证。

937. 委托农药加工、分装有什么要求?

答：根据《农药管理条例》第十九条规定，委托方应当取得待委托加工或分装产品的农药登记证，受托方应当取得相应的农药生产许可范围。

原药（母药）不得委托加工和分装。向中国出口农药的，其制剂产品允许委托具有相应农药生产范围的农药生产企业分装。

938. 委托加工农药对委托人和受托人都有哪些要求?

答：《农药管理条例》第十九条规定，委托加工、分装农药的，委托人应当取得相应的农药登记证，受托人应当取得农药生产许可证。委托人应当对委托加工、分装的农药质量负责。

《农药生产许可管理办法》第十八条规定，农药生产企业在其农药生产许可范围内，可以接受新农药研制者和其他农药生产企业的委托，加工或者分装农药；也可以接受向中国出口农药的企业委托，分装农药。

939. 外贸公司能否委托农药生产企业加工生产农药出口?

答：根据《农药管理条例》第十九条规定，委托加工、分装农药的，委托人应当取得相应的农药登记证，受托人应当取得农药生产许可证。外贸公司没有取得农药登记证，农药生产企业不能接受其委托，加工或分装农药。

940. 开展委托加工、分装活动需要到农业农村主管部门备案吗？

答：符合委托加工、分装条件的，委托方与受托方可以签订合同等，确定委托加工、分装关系，不需要到农业农村主管部门备案。但委托方应当在每季度结束之日起十五日内，将上季度委托加工、分装产品的生产销售数据上传至农业农村部规定的农药管理信息平台。

941. 委托加工过程中出现质量问题如何界定责任？

答：《农药管理条例》第十九条规定，委托人应当对委托加工、分装的农药质量负责。委托未取得农药生产许可证的受托人加工、分装农药，或者委托加工、分装假农药、劣质农药的，对委托人和受托人均依照《农药管理条例》第五十二条第一款、第三款的规定处罚。

第一款：未取得农药生产许可证生产农药或者生产假农药的，由县级以上地方人民政府农业主管部门责令停止生产，没收违法所得、违法生产的产品和用于违法生产的工具、设备、原材料等，违法生产的产品货值金额不足1万元的，并处5万元以上10万元以下罚款，货值金额1万元以上的，并处货值金额10倍以上20倍以下罚款，由发证机关吊销农药生产许可证和相应的农药登记证；构成犯罪的，依法追究刑事责任。

第三款：农药生产企业生产劣质农药的，由县级以上地方人民政府农业主管部门责令停止生产，没收违法所得、违法生产的产品和用于违法生产的工具、设备、原材料等，违法生产的产品货值金额不足1万元的，并处1万元以上5万元以下罚款，货值金额1万元以上的，并处货值金额5倍以上10倍以下罚款；情节严重的，由发证机关吊销农药生产许可证和相应的农药登记证；构成犯罪的，依法追究刑事责任。

942. 农药原药可以办理委托加工吗？

答：不可以。《农药生产许可管理办法》第二条规定，农药生产包括农药原药（母药）生产、制剂加工或者分装。第十八条规定，农药生产企业在其农药生产许可范围内，依据《农药管理条例》第十九条的规定，可以接受新农药研制者和其他农药生产企业的委托，加工或者分装农药；也可以接受向中国出口农药的企业委托，分装农药。

从产品加工工艺看，原药产品属于生产，不属于加工，因此，农药原药不能委托加工，取得农药登记证的企业需自行生产。

943. 农药生产企业委托没有资质的企业加工产品会有什么处罚？

答：《农药生产许可管理办法》第二十四条规定，超过农药生产许可范围生产农药的；委托已取得农药生产许可证的企业超过农药生产许可范围加工或者分装农药的，均按照未取得农药生产许可证处理。

《农药管理条例》第五十二条第一款规定，未取得农药生产许可证生产农药，由县级以上地方人民政府农业主管部门责令停止生产，没收违法所得、违法生产的产品和用于违法生产的工具、设备、原材料等，违法生产的产品货值金额不足1万元的，并处5万元以上10万元以下罚款，货值金额1万元以上的，并处货值金额10倍以上20倍以下罚款，由发证机关吊销农药生产许可证和相应的农药登记证；构成犯罪的，依法追究刑事责任。

第六十三条规定，未取得农药生产许可证生产农药的，其直接负责的主管人员10年内不得从事农药生产、经营活动。

农药生产企业招用上述规定的人员从事农药生产活动的，由发证机关吊销农药生产许可证。

944. 农药生产企业迁址有什么要求？

答：按照《农药生产许可管理办法》第十四条规定，农药生产企业迁址的，应当重新申请农药生产许可证；化学农药生产企业迁址的，还应当进入市级以上化工园区或工业园区。

945. 农药企业迁址更名需要办理什么手续？

答：《农药管理条例》第二章第十三条规定，农药登记证载明事项发生变化的，农药登记证持有人应当按照国务院农业主管部门的规定申请变更农药登记证。第三章第十八条规定，农药生产许可证载明事项发生变化的，农药生产企业应当按照国务院农业主管部门的规定申请变更农药生产许可证。

946. 经营农药是先办营业执照还是经营许可证？

答：根据《国务院关于取消和调整一批行政审批项目等事项的决定》（国发〔2015〕11号），21项工商登记前置审批事项改为后置审批，保留34项工商登记前置审批事项。除法律另有规定和国务院决定保留的工商登记前置审批事项外，其他事项一律不得作为工商登记前置审批。

农药生产、经营许可目前并没有列为《工商登记前置审批事项目录》，申请人可以直接申请相关经营范围登记，办理营业执照，取得营业执照后再到相关审批部门办理许可手续。目前有部分省份已经拥有联办系统，可同时办理营业执照和经营许可证。

947. 农药经营许可应向哪个部门申请？

答：《农药经营许可管理办法》第四条规定，其他农药的经营许可证可到县级以上地方人民政府农业主管部门申请；限制使用农药经营许可证可到省级人民政府农业主管部门申请。

948. 办理农药经营许可证需要多长时间？

答：《农药经营许可管理办法》第十一条规定，县级以上地方农业主管部门应当自受理之日起二十个工作日内作出审批决定。

949. 境外企业在国内的办事处可以申请农药经营许可吗？

答：《农药管理条例》第二十九条规定，境外企业不得直接在中国销售农药。境外企业在中国销售农药的，应当依法在中国设立销售机构或者委托符合条件的中国代理机构销售。

950. 农药经营许可证可以出租吗？

答：不可以。《农药管理条例》第四十七条规定，禁止伪造、变造、转让、出租、出借农药登记证、农药生产许可证、农药经营许可证等许可证明文件。

951. 农药经营者可以进大包装的农药分装成小包出售吗？

答：不可以。这种行为可以看作是分装，是一种生产行为。《农药管理条例》第二十八条规定，农药经营者不得加工、分装农药，不得在农药中添加任何物质，不得采购、销售包装和标签不符合规定，未附具产品质量检验合格证，未取得有关许可证明文件的农药。

违反条例规定的，可按照第五十二条第一款规定处罚：未取得农药生产许可证生产农药，由县级以上地方人民政府农业主管部门责令停止生产，没收违法所得、违法生产的产品和用于违法生产的工具、设备、原材料等，违法生产的产品货值金额不足 1 万元的，并处 5 万元以上 10 万元以下罚款，货值金额 1 万元以上的，并处货值金额 10 倍以上 20 倍以下罚款，由发证机关吊销农药生产许可证和相应的农药登记证；构成犯罪的，依法追究刑事责任。也可按照第五十七条来处罚：销售未附具产品质量检验合格证或者包装、标签不符合规定农药的由县级以上地方人民政府农业主管部门责令改正，没收违法所得和违法经营的农药，并处 5 000 元以上 5 万元以下罚款；拒不改正或者情节严重的，由发证机关吊销农药经营许可证。

952. 连锁经营的农资店可以由一个植保专业的毕业生兼任店长吗?

答:《农药经营许可管理办法》第七条规定，农药经营者的分支机构也应当符合本条第一款、第二款的相关规定。限制使用农药经营者的分支机构经营限制使用农药的，应当符合限制使用农药定点经营规定。

也就是每个店必须有一个符合以下规定的人员：有农学、植保、农药等相关专业中专以上学历或者专业教育培训机构五十六学时以上的学习经历，熟悉农药管理规定，掌握农药和病虫害防治专业知识，能够指导安全合理使用农药的经营人员。若经营限制使用农药的还应当是：熟悉限制使用农药相关专业知识和病虫害防治的专业技术人员，并有两年以上从事农学、植保、农药相关工作经历的经营人员。

953. 农药经营者的分支机构可以共用农药经营许可证吗?

答：可以。《农药经营许可管理办法》第五条规定，农药经营许可实行一企一证管理，一个农药经营者只核发一个农药经营许可证。分支机构需要在所在地县级以上地方人民政府农业主管部门备案，符合《农药经营许可管理办法》第七条中的规定。如果不符合规定当地农业局可以不予备案，也就是分支机构不具备经营条件。

954. 设立分支机构需要变更经营许可证吗?

答：需要。《农药管理条例》第二十五条第四款规定，取得农药经营许可证的农药经营者设立分支机构的，应当依法申请变更农药经营许可证，并向分支机构所在地县级以上地方人民政府农业主管部门备案，其分支机构免予办理农药经营许可证。

955. 同时经营化肥和种子的农药经营门店的经营面积有什么规定?

答:《农药经营许可管理办法》第七条第二款规定，农药经营门店应有不少于30平方米的营业场所、不少于50平方米的仓储场所。兼营其他农业投入品的，应当具有相对独立的农药经营区域。

956. 农药可以和化肥、种子混合摆放吗?

答：不可以。《农药经营许可管理办法》第七条第二款规定，兼营其他农业投入品的，应当具有相对独立的农药经营区域。需要有销售专柜，如杀虫、杀菌、除草、植物生长调节剂等专柜。经营限制使用农药的，还要有明显标识的专区或专柜，货架、柜台醒目位置要贴上“农药有毒”“严禁烟火”“禁止饮食”等类似警示标语。仓储场所产品摆放符合“安全第一”原则，按照农药类别分开存放，码放高度适宜，并且标注杀虫、杀菌、除草、植物生长调节剂和限制使用农药存放地。

957. 农药经营店可以经营饲料吗?

答：不可以。经营农药的，可以经营种子、肥料，但是不得经营饲料。《农药管理条例》第二十八条规定，不得在农药经营场所内经营食品、食用农产品、饲料等。第五十八条规定，农药经营者在农药经营场所内经营食品、食用农产品、饲料等，由县级以上地方人民政府农业主管部门责令改正；拒不改正或者情节严重的，处2000元以上2万元以下罚款，并由发证机关吊销农药经营许可证。

958. 卫生用农药需要办理农药经营许可证吗?

答：不需要。《农药经营许可管理办法》第十九条规定，专门经营卫生用农药的不需要取得农药经营许可。也就是说若还要经营其他农药的是需要办理经营许可证的。

959. 互联网经营农药需要办理农药经营许可证吗?

答：需要。《农药经营许可管理办法》第二十一条规定，限制使用农药不得利用互联网经营。利用互联网经营其他农药的，应当取得农药经营许可证。

960. 申请互联网农药经营许可证需要去哪里办理?

答：需要到网店所在地的县级以上地方人民政府农业农村主管部门申请核发。

961. 网上经营农药需要不少于50平方米的仓储场所吗?

答：需要。需要有实体店才可申请网上农药经营许可证。

962. 可以在网上卖老鼠药吗?

答：涉及限制使用的：C型肉毒梭菌毒素、D型肉毒梭菌毒素、氟鼠灵、敌鼠钠盐、杀鼠灵、杀鼠醚、溴敌隆、溴鼠灵等8个有效成分的杀鼠剂不允许在互联网上经营。其他的杀鼠剂可以在办理农药经营许可证以后上网销售。

963. 仓储场所可以是露天的吗?

答：不可以。《农药经营许可管理办法》第七条第二款规定，仓储场所应当配备通风、消防、预防中毒等设施，有与所经营农药品种、类别相适应的货架、柜台等展示、陈列的设施设备。不能用晒场或露天空地代替仓储场所。

964. 定点经营的农药有哪些?

答：农业部第2567号公告规定中的32种农药：甲拌磷、甲基异柳磷、克百威、磷化铝、硫丹、氯化苦、灭多威、灭线磷、水胺硫磷、涕灭威、溴甲烷、氧乐果、百草枯、2，4-滴丁酯、C型肉毒梭菌毒素、D型肉毒梭菌毒素、氟鼠灵、敌鼠钠盐、杀鼠灵、杀鼠醚、溴敌隆、溴鼠灵、丁硫克百威、丁酰肼、毒死蜱、氟苯虫酰胺、氟虫腈、乐果、氰戊菊酯、三氯杀螨醇、三唑磷、乙酰甲胺磷。其中含前22种有效成分的农药必须实行定点经营，含后10种有效成分的农药实行定点经营的时间由农业部另行规定。

965. 对限制使用农药有什么特殊管理规定?

答：对以下20种限制使用农药的禁止使用范围进行了明确。

通用名	禁止使用范围
甲拌磷、甲基异柳磷、克百威、水胺硫磷、氧乐果、灭多威、涕灭威、灭线磷	禁止在蔬菜、瓜果、茶叶、菌类、中草药材上使用，禁止用于防治卫生害虫，禁止用于水生植物的病虫害防治
甲拌磷、甲基异柳磷、克百威	禁止在甘蔗作物上使用
内吸磷、硫环磷、氯唑磷	禁止在蔬菜、瓜果、茶叶、中草药材上使用
乙酰甲胺磷、丁硫克百威、乐果	禁止在蔬菜、瓜果、茶叶、菌类和中草药材上使用
毒死蜱、三唑磷	禁止在蔬菜上使用
丁酰肼（比久）	禁止在花生上使用
氰戊菊酯	禁止在茶叶上使用
氟虫腈	禁止在所有农作物上使用（玉米等部分旱田种子包衣除外）
氟苯虫酰胺	禁止在水稻上使用

966. 禁止（停止）使用的农药有哪些?

答：禁止（停止）使用的农药（46种）：六六六、滴滴涕、毒杀芬、二溴氯丙烷、杀虫脒、二溴乙烷、除草醚、艾氏剂、狄氏剂、汞制剂、砷类、铅类、敌枯双、氟乙酰胺、甘氟、毒鼠强、氟乙酸钠、毒鼠硅、甲胺磷、对硫磷、甲基对硫磷、久效磷、磷胺、苯线磷、地虫硫磷、甲基硫环磷、磷化钙、磷化镁、磷化锌、硫线磷、蝇毒磷、治螟磷、特丁硫磷、氯磺隆、胺苯磺隆、甲磺隆、福美胂，福美甲胂、三氯杀螨醇、林丹、硫丹、溴甲烷、氟虫胺、杀扑磷、百草枯（百草枯可溶胶剂自2020年9月26日起禁止使用）、2，4-滴丁酯（自2023年1月29日起禁止使用）。

967. 农药经营者对限制使用农药标签查验需要关注什么内容?

答：根据《农药标签说明书管理办法》之规定，需要特别关注：(1) 标签应当标有红色的“限制使用”字样，标注在标签正面右上角或左上角，并于背景颜色形成强烈反差，其字号不得小于农药名称字号；(2) 限制使用农药，应当在标签上注明施药后设立警示标志，并明确人畜允许进入的间隔时间；(3) 限制使用农药应当标注“限制使用”字样，并注明对使用的特别限制和特殊要求。

968. 应届农学专业毕业生可以经营限制使用农药吗?

答：不可以。《农药经营许可管理办法》第七条规定，经营限制使用农药的经营者需要满足以下条款：熟悉限制使用农药相关专业知识和病虫害防治的专业技术，并有两年以上从事农学、植保、农药相关工作的经历。应届毕业生，不具备两年以上相关工作经历的要求。

969. 农药经营店减少所经营的限制使用农药需要办什么手续?

答：《农药经营许可管理办法》第十三条规定，农药经营许可证有效期内减少经营范围的，应当自发生变化之日起三十日内向原发证机关提出变更申请，并提交变更申请表和相关证明材料。

970. 经营农药一定要记录销售台账吗?

答：需要。《农药管理条例》第二十七条规定，农药经营者应当建立销售台账，如实记录销售农药的名称、规格、数量、生产企业、购买人、销售日期等内容。

第五十八条规定，不执行农药采购台账、销售台账制度的由县级以上地方人民政府农业主管部门责令改正；拒不改正或者情节严重的，处2 000元以上2万元以下罚款，并由发证机关吊销农药经营许可证。

971. 仅经营卫生杀虫剂的门店需要记录销售台账吗?

答：《农药管理条例》第二十七条规定，农药经营者应当建立销售台账。经营卫生用农药的，不适用这一条款。

972. 农药经营店需要保存采购、销售台账多久?

答:《农药管理条例》第二十六、二十七条规定，采购、销售台账应当保存2年以上。

973. 农药营业场所可以为租赁的吗?

答:可以。营业场所、仓储场所可以是有产权的，也可以租用。但是在经营许可证有效期内不再续租，需要另换经营场所的，需要重新申请农药经营许可证。《农药经营许可管理办法》第十四条规定，经营范围增加限制使用农药或者营业场所、仓储场所地址发生变更的，应当按照本办法的规定重新申请农药经营许可证。

974. 农药生产企业在公司仓库销售自己的和其他企业生产的农药符合规定吗?

答:分两种情况:一种是有农药经营许可证情况，是符合规定可以销售的。另一种是没有农药经营许可证的情况，销售本企业生产的农药产品是符合规定的。若是销售其他企业生产的农药就不符合《农药管理条例》第二十四条第一款之规定:国家实行农药经营许可制度。《农药经营许可管理办法》第十九条第三款规定:农药生产企业在其生产场所范围内销售本企业生产的农药，或者向农药经营者直接销售本企业生产的农药，是不需要取得农药经营许可证的，反之销售其他企业生产的农药就需要办理经营许可证，卫生杀虫剂企业除外。

975. 农药经营店可以在农药中添加厂家提供的助剂再销售吗?

答:不可以。《农药管理条例》第二十八条规定，农药经营者不得加工、分装农药，不得在农药中添加任何物质，不得采购、销售包装和标签不符合规定，未附具产品质量检验合格证，未取得有关许可证明文件的农药。

第五十五条规定，农药经营者有下列行为之一的，由县级以上地方人民政府农业主管部门责令停止经营，没收违法所得、违法经营的农药和用于违法经营的工具、设备等，违法经营的农药货值金额不足1万元的，并处5 000元以上5万元以下罚款，货值金额1万元以上的，并处货值金额5倍以上10倍以下罚款;构成犯罪的，依法追究刑事责任。其中第三项行为就是在农药中添加物质。有第三项规定的行为，情节严重的，还应当由发证机关吊销农药经营许可证。

976. 农药经营的数据如何备案?

答:《农药经营许可管理办法》第二十二条规定，农药经营者应当在每季度结束之日起十五日内，将上季度农药经营数据上传至农业部规定的农药管理信息平台或者通过其他形式报发证机关备案。

977. 什么叫农药包装废弃物?

答：指农药使用后被废弃的与农药直接接触或含有农药残余物的包装物(瓶、罐、桶、袋等)。

978. 农药经营者处置农药废弃物的费用由谁支付呢?

答：《农药管理条例》第四十六条规定，假农药、劣质农药和回收的农药废弃物等应当交由具有危险废物经营资质的单位集中处置，处置费用由相应的农药生产企业、农药经营者承担；农药生产企业、农药经营者不明确的，处置费用由所在地县级人民政府财政列支。

979. 农业局可以到农药经营店抽样吗?

答：可以。《农药管理条例》第四十一条规定，县级以上人民政府农业主管部门履行农药监督管理职责，可以依法采取下列措施：

（1）进入农药生产、经营、使用场所实施现场检查。

（2）对生产、经营、使用的农药实施抽查检测。

980. 销售一瓶标签不符合规定的农药产品罚款 5 000 元合法吗?

答：《农药管理条例》第五十七条规定，销售农药标签不符合规定的经营者可由县级以上地方人民政府农业主管部门责令改正，没收违法所得和违法经营的农药，并处 5 000 元以上 5 万元以下罚款；拒不改正或者情节严重的，由发证机关吊销农药经营许可证。

981. 出租农药经营许可证会有什么样的处罚?

答：《农药管理条例》第六十二条规定，出租农药经营许可证的，由发证机关收缴或者予以吊销，没收违法所得，并处 1 万元以上 5 万元以下罚款；构成犯罪的，依法追究刑事责任。第六十三条规定，未取得农药经营许可证经营农药或者被吊销农药经营许可证的，其直接负责的主管人员 10 年内不得从事农药生产、经营活动。农药生产企业、农药经营者招用上述规定的人员从事农药生产、农药经营活动的，由发证机关吊销农药生产许可证、农药经营许可证。

982. 农药经营者有分支机构而未备案会处罚吗?

答：会。《农药管理条例》第五十七条规定，农药经营者有下列行为之一的，由县级以上地方人民政府农业主管部门责令改正，没收违法所得和违法经营的农药，并处5 000元以上5万元以下罚款；拒不改正或者情节严重的，由发证机关吊销农药经营许可证。其中第一种情况就是：设立分支机构未依法变更农药经营许可证，或者未向分支机构所在地县级以上地方人民政府农业主管部门备案。

983. 对符合条件的申请人拒不颁发农药经营许可的工作人员有什么管理规定?

答：《农药管理条例》第四十九条规定，对符合条件的申请人拒不准予许可的由本级人民政府责令改正；对负有责任的领导人员和直接责任人员，依法给予处分；负有责任的领导人员和直接责任人员构成犯罪的，依法追究刑事责任。